LES

NOUVEAUTÉS DE LA SCIENCE

LA RÉCOLTE DE LA DRAGUE.

BIBLIOTHÈQUE
DES ÉCOLES ET DES FAMILLES

LES
NOUVEAUTÉS
DE LA SCIENCE

PAR

ALBERT-LÉVY

Illustré de 60 gravures

PARIS
LIBRAIRIE HACHETTE ET Cⁱᵉ
79, BOULEVARD SAINT-GERMAIN, 79
1883

OUVRAGES DU MÊME AUTEUR

PREMIERS ÉLÉMENTS DES SCIENCES EXPÉRIMENTALES, 2ᵉ édition. 1 vol. in-16 avec figures, cartonné.......................... 2 fr. 50

UNE PREMIÈRE ANNÉE DE SCIENCES, 2ᵉ édition. 1 volume in-16 avec figures, cartonné............................... » 90

CENT TABLEAUX DE SCIENCE PITTORESQUE, 1 vol. petit in-4 illustré, cartonné............... .... 4 fr.
    Relié... 6 fr.

HISTOIRE DE L'AIR, 1 vol. in 32. (Bibliothèque utile). Broché.. » 60

BIBLIOTHÈQUE DES ÉCOLES ET DES FAMILLES

NOS VRAIES CONQUÊTES, 2ᵉ édition. 1 vol. in-8, broché...... 1 fr. 50

CURIOSITÉS SCIENTIFIQUES, 1 vol. in-8, broché............. 1 fr. 50

LA LÉGENDE DES MOIS, 2ᵉ édition, 1 vol. in-16 broché...... 1 fr. »

LE CHEVAL DE FEU, 1 vol. broché......... .... » 60

ARAGO, GALILÉE, JAMES WATT, LAVOISIER. Biographies à ... » 15

LES
NOUVEAUTÉS DE LA SCIENCE

LE TÉLÉPHONE

Depuis le jour où le physicien écossais Graham Bell imagina l'instrument connu sous le nom de *téléphone*, instrument qui permet de faire entendre notre voix à une grande distance, un certain nombre de savants se sont efforcés de simplifier, de perfectionner cette admirable invention. Bien qu'on ne puisse encore prévoir toutes les applications possibles du téléphone, celles qui sont déjà réalisées provoquent à bon droit notre admiration.

En expliquant dans un précédent ouvrage[1] le mécanisme du téléphone, nous essayions de prévoir les différents usages auxquels cet instrument pourrait servir : Nous disions, d'un ton moitié plaisant, moitié sérieux : « Quelques personnes ont pensé qu'un orchestre placé au centre de Paris et communiquant par des téléphones avec les différentes villes du monde entier, pourrait faire entendre ses valses et ses quadrilles instantanément et simultanément dans les di-

1. *Nos vraies conquêtes* (Bibl. des Écoles et des Familles, 2ᵉ série).

vers pays du globe. D'autres espèrent pouvoir, assis chez eux dans un bon fauteuil, entendre la tirade du tragédien célèbre, le plaidoyer de l'éminent avocat, le discours brillant de l'orateur de la Chambre, et tout cela grâce à notre téléphone ! » Notre prédiction s'est réalisée, du moins en partie : nos lecteurs savent qu'on est arrivé à entendre la représentation d'un opéra à une distance de plusieurs kilomètres.

Les premiers téléphones présentaient un très réel inconvénient : la voix, très distincte d'ailleurs, avait un timbre assez différent du timbre de voix de la personne qui parlait. On pouvait dire, sans manquer de respect à cet admirable instrument, que la voix du téléphone ressemblait quelque peu à celle d'un polichinelle.

Tous les efforts des électriciens se sont portés sur cette partie du problème, et, grâce aux efforts de MM. Gower, Hughes, Bréguet, et surtout aux travaux récents de M. Ader, la solution définitive est bien près d'être trouvée.

Les derniers perfectionnements obtenus dans l'emploi du téléphone sont dus à un Français, M. Ader, simlpe conducteur des ponts et chaussées, qui se livra tout entier à l'étude du téléphone et parvint, après un travail long et opiniâtre, à construire un instrument à peu près parfait. Le téléphone d'Ader mérite vraiment le nom de « merveille des merveilles » que le grand savant anglais, Sir William Thomson, décernait à l'appareil primitif de Graham Bell.

On se rappelle que dans un téléphone il y a deux organes : le *transmetteur*, dans lequel on parle ; le *récepteur*, que l'on place devant l'oreille. Chacun de ces deux organes est formé d'une membrane dont les vibrations produisent des sons. La membrane vibrante qu'utilisait Graham Bell était une lame de tôle ; M. Ader l'a remplacée par une mince lame de sapin. En accouplant un certain nombre d'organes transmetteurs et en les faisant communiquer avec un même récepteur, on augmente l'intensité du son et on peut faire parvenir ce son à de plus grandes distances. De plus, on utilise le petit appareil nommé microphone, que nous avons déjà décrit[1], et qui amplifie les sons d'une manière considérable.

C'est M. Ader qui, pour la première fois, a fait entendre au public un morceau d'opéra exécuté à une grande distance. Les auditeurs étaient placés dans une salle du Palais de l'Industrie, aux Champs-Élysées, et ils étaient reliés téléphoni-

LE TRANSMETTEUR DU TÉLÉPHONE.

1. *Nos vraies conquêtes*, p. 115.

quement avec notre Académie nationale de musique.

Pour arriver à ce résultat, M. Ader avait disposé des transmetteurs sur la scène de l'Opéra. Primitivement ces appareils étaient placés près du plancher de la scène et il arrivait que l'orchestre était à peine entendu pendant les ballets : le public n'entendait que le bruit des pieds des danseurs. Les transmetteurs téléphoniques furent installés dans la cage du souffleur. Le public entendit à merveille les artistes, reconnut leur voix et ne perdit pas une seule de leurs roulades. Le bruit de l'orchestre était à la vérité un peu affaibli ; mais, si l'on se souvient que l'on a souvent reproché à l'orchestre de l'Opéra d'être trop bruyant et de couvrir parfois la voix des chanteurs, on reconnaîtra que le téléphone *améliore* l'audition d'un opéra.

LE RÉCEPTEUR DU TÉLÉPHONE.

L'expérience a été vingt fois recommencée depuis. Non seulement on entend les artistes, l'orchestre, les chœurs, mais tous les bruits de la salle et jusqu'aux bravos des spectateurs sont nettement perçus. Bien plus, on se rend parfaitement compte du déplacement des acteurs sur la scène et, bien que le téléphone soit fixé à l'oreille, la voix des artistes semble venir tantôt de la droite, tantôt de la gauche.

Les transmetteurs sont reliés aux récepteurs par des fils télégraphiques qui traversent Paris et qui sont placés dans les égouts.

Voici quelques applications curieuses et nouvelles du téléphone.

On raconte que le célèbre tyran de Syracuse, Denys l'Ancien, qui vivait vers l'an 400 avant notre ère, faisait jeter dans de noirs cachots tous ceux qui critiquaient ses actes; en particulier, les criminels convaincus de n'avoir pas suffisamment admiré les œuvres poétiques du roi, étaient enfermés dans des carrières appelées *Latomies*, dans lesquelles ils séjournaient durant de longues années. Le tyran Denys était parvenu, dit-on, à faire communiquer les cachots avec une chambre de son palais, de telle manière que les paroles prononcées par les prisonniers arrivaient distinctement jusqu'à lui. La chambre dans laquelle se tenait le tyran s'appelait l'*Oreille de Denys*.

Si l'on en croit les journaux américains, on vient d'organiser à New-York un système téléphonique qui rend les mêmes services que celui imaginé par le tyran de Syracuse: « Le microphone permettant de distinguer tous les sons émis dans une pièce, sans qu'il soit nécessaire que la bouche de celui qui parle

soit en contact immédiat avec l'appareil, on a eu
l'idée de placer un microphone contre le mur
d'une cellule de prison, en recouvrant soigneusement l'ouverture avec du papier mince, percé de
petits trous à peine visibles. Dans cette cellule,
on a fait entrer les complices ou les parents d'un prévenu, puis on les a laissés ensemble sans surveillant.
Pendant qu'ils s'entretenaient, un agent tenait son
oreille collée au récepteur du téléphone. La ruse
a complètement réussi. Le prévenu, ne soupçon-
nant pas que dans les cellules les murs pussent avoir
des oreilles, profita du moment où on le laissait
seul avec ses complices pour causer avec eux du
crime dont il était accusé. La justice a obtenu ainsi
d'importantes révélations, qui n'avaient pu être ar-
rachées, soit par des menaces, soit par des interro-
gatoires contradictoires. »

L'invention des téléphones a présenté ce caractère
intéressant, qu'elle a été presque immédiatement
utilisée. De nombreuses sociétés en Amérique, en
Angleterre, sollicitèrent l'abonnement des commerçants, des industriels, et créèrent très rapidement des
réseaux téléphoniques.

A Paris, plusieurs compagnies se formèrent pour
exploiter, l'une le téléphone Bell, l'autre le Gower,
une troisième l'Edison, une quatrième l'Ader. Bientôt
ces différentes sociétés fusionnèrent et établirent
la Société générale des téléphones, qui installe, à
la volonté de l'abonné, tel ou tel système téléphonique.

Le prix de l'abonnement pour un fil et un appareil
téléphonique est actuellement de 600 francs par an ;
pour deux fils et deux appareils 1100 francs ; pour
trois fils et trois appareils ou plus, 500 francs par
fil et par appareil.

La Société possède aujourd'hui dix postes et a son siège central, 66, rue des Petits-Champs. Bien qu'elle

POSTE TÉLÉPHONIQUE.

exploite tous les systèmes, le plus employé est le téléphone à pile et microphone, système Ader. Les abonnés sont répartis entre les dix postes de la Société ; leurs fils, qui communiquent avec ces stations, passent dans les égouts.

Quand on a voulu construire les lignes téléphoniques, une difficulté s'est immédiatement présentée : quand des fils télégraphiques sont très voisins, ils s'influencent l'un l'autre ; on sait que cette difficulté a retardé longtemps la construction des câbles souterrains. On pouvait donc craindre que la conversation de MM. A. et B. ne fût entendue par tous les abonnés. M. Gower a imaginé un système d'isolation des fils, peu coûteux, qui a supprimé cet inconvénient.

Tous les fils étant naturellement semblables, comment réparer celui qui correspond à une station déterminée si un accident vient à se produire ? M. Gower a donné à ces fils des couleurs différentes et un certain nombre d'entre eux sont réunis dans un même câble. Une station quelconque est donc bien définie quand l'on sait que son fil est rouge et appartient au câble n° 7, par exemple.

Ceci étant bien compris, comment M. A. pourra-t-il correspondre avec M. B. ? M. A. communique, par exemple, avec le bureau de l'avenue de l'Opéra ; son appareil est placé dans son cabinet, à portée de sa bouche, de telle sorte que sans dérangement il peut le saisir et avertir le poste. Il lui suffira d'appuyer sur un petit bouton placé sur le côté droit du pupitre où est fixé le transmetteur. Cette simple poussée d'un bouton met en communication électrique la chambre de M. A. et le poste téléphonique et l'employé du poste voit apparaître un signal indiquant le nom ou le numéro d'ordre de la personne qui appelle.

L'employé, ainsi prévenu, commence par remettre

ιe signal à sa place et converse avec l'appelant en commençant par ces mots : Hallo ! hallo ! ce qui veut dire « Je suis prêt, je vous attends. »

M. A. demande d'être mis en communication avec M. B. numéro 630. Si M. B. est en relation avec le même bureau, rien n'est plus simple. L'employé avertit M. B. et quand celui-ci a répondu qu'il est prêt, il lui dit : « M. A. désirerait vous parler. » Ceci fait, l'employé dit à M. A. : « M. B. est prévenu ; je vous mets en communication avec lui. » Alors l'employé *réunit* les fils des deux interlocuteurs, après avoir eu soin de relever les signaux.

Quand la conversation est terminée, MM. A. et B. pressent le bouton avertisseur et font apparaître ainsi les deux signaux qui apprennent à l'employé qu'il peut supprimer la communication entre les deux abonnés.

Cette manœuvre paraît très simple, parce que nous n'avons pris comme exemple que deux abonnés. Nous avons dit, sans insister, que l'employé mettait MM. A. et B. en communication ; cette opération se fera en plaçant le fil de M. A. et le fil de M. B. sur une même plaque de métal, conductrice comme l'on sait de l'électricité, et qui porte le nom de commutateur.

Mais il y a 500, 600... abonnés ! Faudra-t-il donc 500, 600 commutateurs ?

On a commencé par grouper tous les abonnés qui paraissent devoir communiquer le plus souvent ensemble ; ce groupement est, il faut en convenir, assez arbitraire.

Les fils de trente abonnés correspondent à un même tableau, analogue à celui que nous plaçons sous vos yeux et sur lequel, pour simplifier, on n'a indiqué que dix correspondants.

A la partie supérieure, on voit le cadre des signaux Ader, qui peut être mis en communication avec une sonnerie au moyen d'une petite pile locale. Si l'employé n'est pas dans la salle, le bruit de la sonnerie

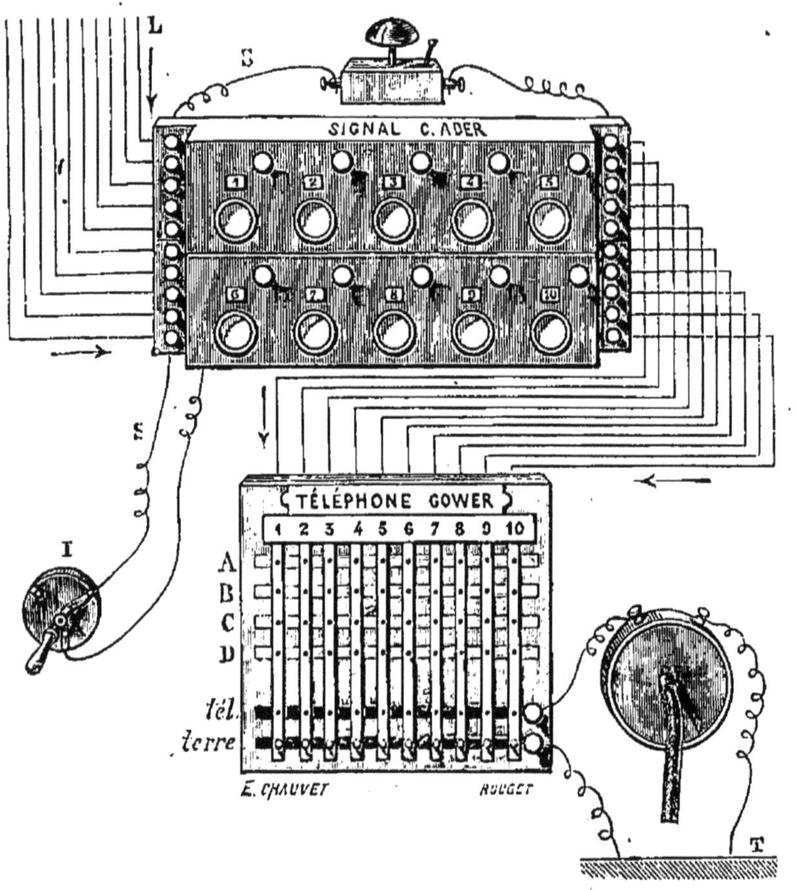

LE COMMUTATEUR.

l'avertira qu'un abonné vient de faire le signal d'appel.

Au-dessous de ce cadre se trouve un commutateur formé de languettes verticales et horizontales en cuivre, qui doit réunir les fils de deux des abonnés inscrits sur ce tableau. Pour faire communiquer, par exemple, les numéros 3 et 7, il suffit de placer une cheville de métal dans la ligne verticale des numéros 3 et 7 et sur une même ligne horizontale, par exemple sur la première A.

Si en même temps les abonnés 2 et 6 demandaient à être mis en communication téléphonique, on ne pourrait placer des chevilles dans les trous des languettes verticales 2 et 6 qui communiquent à la bande horizontale A ; dans ce cas, en effet, les quatre abonnés 3, 7, 2, 6 correspondraient ensemble. Pour éviter ce grave défaut, on a placé un certain nombre de bandes horizontales A, B, C, D, et, dans le cas que nous venons d'examiner, on place les chevilles dans les trous des plaques verticales 2 et 6 qui correspondent à la bande B.

Tout ceci suppose que les abonnés qui désirent causer ensemble font partie du même groupe. Mais il peut se faire que le numéro 7, correspondant avec le bureau de la rue des Petits-Champs, demande la communication avec le numéro 630 qui est relié au poste de la rue du Bac. Dans ce cas, le numéro 7 ayant appelé, l'employé de la rue des Petits-Champs place une cheville sur la lame verticale du numéro 7, à l'intersection de la bande horizontale D par exemple, puis il appelle l'employé de la rue du Bac, et lui dit : « Le numéro 7, ligne D, demande à parler à M. B, numéro 630. » L'employé de la rue du Bac avertit l'abonné n° 630, met une cheville sur la ligne horizontale D, au point où elle rencontre la lame verticale n° 630 et établit la communication entre les deux postes. Les deux abonnés peuvent converser librement.

Dans les différents postes, le service est fait par des jeunes filles, qui acquièrent assez rapidement une très grande habileté. A Paris, de 2 à 5 heures, au moment où les affaires sont le plus vivement engagées, à l'heure de la Bourse, l'affluence des communications est telle, que ces jeunes filles ont juste le temps matériel de répondre aux appelants.

STATIONS D'ALARME. — Il est question de placer dans les rues de Paris des *stations d'alarme* semblables à celles qui fonctionnent depuis plusieurs mois aux États-Unis. De distance en distance, on établirait des guérites en relation avec des postes de police au moyen d'un téléphone. Une clef que tous les agents et même tous les commerçants de la rue auraient sur eux, permettrait d'ouvrir la guérite et de communiquer avec le poste.

A Chicago, le service est depuis longtemps organisé. Voici, d'après le *Scientific American*, comment fonctionnent ces stations. Un accident vient d'avoir lieu; immédiatement un agent ou un citoyen possesseur d'une clef ouvre la guérite et, au moyen de signaux, transmet au poste l'une des onze indications suivantes : 1. Voiture de police. — 2. Voleurs. — 3. Violences. — 4. Émeute. — 5. Ivrognes. — 6. Meurtre. — 7. Accidents. — 8. Violations de domicile. — 9. Rixes. — 10. Essai de la ligne. — 11. Incendie. Il va sans dire que la première indication, transmise automatiquement, est le numéro d'ordre du poste appelant.

Au poste de police se trouve une escouade de trois hommes, avec une voiture et un cheval, toujours disposée à partir; de telle sorte que, quelques minutes seulement après l'appel, les premiers secours sont arrivés. Si l'agent a besoin de donner de plus amples renseignements, il utilise le téléphone placé dans la guérite.

A Chicago, on a installé des stations d'alarme non seulement dans les rues de la ville, mais au domicile

STATION D'ALARME A CHICAGO.

des particuliers. « Le poste de police a une clef placée sous scellé ouvrant le domicile de chaque abonné. Lorsqu'un appel de nuit est fait, pour un vol avec effraction par exemple, le policeman répond à l'appel en prenant la clef de l'appelant au poste de police, et peut ainsi venir aussitôt saisir le voleur. »

On voit qu'avec ce système un nombre de gardiens relativement minime peut exercer une surveillance efficace. A Chicago, le nombre des arrestations opérées grâce aux stations d'alarme a considérablement augmenté et, par conséquent, les malfaiteurs étant arrêtés, le nombre des crimes a sensiblement diminué.

Enfin, le téléphone étant entré dans les mœurs des Américains, voici l'avis adressé aux abonnés de la compagnie téléphonique qui fonctionne à New-York ; nous croyons que rien ne pourra donner une idée plus exacte de l'esprit pratique des habitants des États-Unis.

AVIS AUX ABONNÉS.

« Un domestique en livrée sera à votre porte, *trois minutes après votre appel*, pour distribuer vos notes, invitations, circulaires, porter des petits paquets, etc., accompagner une dame ou un enfant à un endroit quelconque ou pour aller les reprendre. Il ira chercher vos enfants à l'école ; pendant l'orage il apportera les parapluies à l'église ou ailleurs lorsque cela sera nécsesaire ; il ira chercher un médecin, une nourrice, un remède, un ami, une voiture, etc., *à toute heure.* »

Qui sait ! Bien que nous autres Français nous soyons un peu enclins à la routine, nous ne tarderons peut-être pas à adopter l'esprit pratique des Américains. Ce sera certainement une véritable révolution opérée dans nos habitudes et dans nos mœurs.

LES HORLOGES PUBLIQUES

I. — LES HEURES

Dans une amusante féerie qu'on jouait il y a quelques années sur l'un de nos théâtres parisiens, l'inévitable prince Charmant des pièces de ce genre, ayant
perdu son talisman, réclamait l'assistance de ses
marraines, les Heures. Chacune d'elles, après s'être
fait quelque peu prier, promet son appui au jeune
Rothomago, et lui annonce, sans qu'on sache pourquoi, qu'il va assister à une fête donnée on ne sait
en quel honneur.

Si j'avais été appelé à collaborer à ce poème (!), il
me semble que je n'aurais eu qu'à me souvenir pour
trouver des décors et des ballets originaux.

Je me serais rappelé que, dans la curieuse féerie
qui s'appelle la Mythologie grecque, les Heures
étaient déjà personnifiées par des déesses « jeunes,
belles, parfumées, formant des chœurs et des danses
avec les Grâces, tandis que chantaient les Muses ».
J'aurais donc reproduit ces danses et appelé ce ballet
les Horées, en sovvenir des fêtes que les Grecs donnaient autrefois pour honorer les Heures, et mon
décor aurait représenté l'un des temples élevés à
ces déesses, à Corinthe, à Athènes, ou à Olympie.

Puisque les décors à transformations sont de mode aujourd'hui, à un certain moment, le fond du temple disparaissant, on aurait vu les portes du ciel que les Heures « ouvraient et fermaient pour rassembler ou faire sortir les nuages chargés de verser sur la terre une pluie bienfaisante ». Il va sans dire que cette pluie d'eau naturelle, éclairée par la lumière électrique, eût été d'un effet saisissant; et comme les Heures étaient en outre chargées de veiller sur la floraison des plantes, je réunissais un échantillon de la flore des différents pays, en groupant des fleurs animées sur le théâtre.

Ce n'est pas tout. J'introduis un défilé drôlatique dans lequel passent devant le spectateur les divers instruments qui ont successivement servi à indiquer les divisions du temps, depuis les clepsydres et les cadrans solaires jusqu'aux modernes pendules élec-triques, en passant par toute la série des-horloges; cela vaut bien, j'imagine, le défilé des dindons. Puis le ballet recommence. Dix jeunes femmes, entourées chacune d'un cortège spécial, représentent les dix Heures qui formaient autrefois la durée du jour chez les Grecs; au besoin chacune d'elles nous fournit le motif d'une transformation de décor. Voici *Augé*, la première heure du jour, l'heure de l'aurore. Je passe bien entendu sur la description des tableaux que vous imaginez aisément. Voici *Anatolé*, l'heure du lever du soleil. Voici *Mouséia*, l'heure des Muses, c'est-à-dire de l'étude. Voici successivement : *Gymnasia*, l'heure du gymnase; *Nymphé*, l'heure du bain; *Mesembria*, l'heure du midi; *Spondé*, l'heure des libations; *Életé*, l'heure de la prière; *Acta* ou *Cypris*, l'heure de la table et des plaisirs; *Dysis*, l'heure du coucher du soleil.. N'y a-t-il pas là, je le répète, dix sujets d'admirables décors? J'ajoute qu'on pourrait encore représenter, non seulement les heures, mais les minutes et les secondes.

Enfin, la toile du fond se lève et nous laisse voir, en apothéose, l'Olympe, au centre duquel trônent Jupiter et Thémis, dont les Heures sont, dit-on, issües.

J'offre gratuitement mon projet aux auteurs de la féerie pour la prochaine reprise de leur pièce, en insistant sur ce point qu'on peut, tout en charmant les yeux du public, lui donner des idées exactes sur les anciennes légendes.

J'ai dit, et cela a dû vous surprendre, que le jour, chez les anciens Grecs, n'avait que dix heures; il s'agit bien entendu du véritable jour, c'est-à-dire du temps pendant lequel le soleil restait au-dessus de l'horizon; la nuit se divisait en quatre parties. Ainsi, les heures des Grecs étaient plus ou moins longues, puisque l'heure était une fraction constante, la dixième partie d'un temps qui était éminemment variable avec les saisons : la durée du jour. Les anciens Romains eux-mêmes, bien qu'ils eussent divisé le jour en douze heures, comptaient également comme jour le temps qui s'écoule entre le lever et le coucher du soleil et avaient par conséquent des heures de durée variable.

J'ai bien raison de dire, *le temps qui s'écoule*, et mon langage n'a rien ici de métaphorique, car, vous le savez, ce temps était fixé par l'écoulement de sable ou d'eau contenus dans un vase d'argile, de métal ou de verre, qu'on appelait *clepsydre*, de deux mots grecs : *clepto*, je cache; *udor*, eau. Je hasarderais bien une description des clepsydres antiques; mais d'abord je ne suis pas bien sûr que cela vous intéres- serait; et puis j'aime mieux me borner à vous rappeler que vous en avez chaque jour sous les yeux. N'est-ce pas une clepsydre que ce petit appareil plein de sable fin qui nous avertit que la durée de cuisson des œufs est suffisante ?

CLEPSYDRE.

Il paraît que déjà chez les Grecs les avocats étaient bavards, car dans chaque tribunal on avait placé des clepsydres pour mesurer et surtout limiter la longueur des plaidoieries. Un officier appelé *efudor* (vous retrouvez la racine *udor*, eau) était chargé de la surveillance de la clepsydre et du soin délicat de faire taire un orateur. L'avocat, pressé de parler, interpellait son adversaire en lui disant : « Vous empiétez sur mon eau ! » Vous savez d'ailleurs que, aujourd'hui encore, dans certaines ventes par adjudication aux enchères, qui ne doivent durer qu'un temps limité, on emploie sinon des clepsydres, du moins de petites bougies qu'on allume et qui ne brûlent que pendant une ou deux minutes. Ces feux se renouvellent trois fois ; l'adjudication ne devient définitive que lorsque le dernier feu s'est éteint sans que, pendant sa durée, il soit intervenu aucune enchère.

Nous avons dit que chez les Grecs et chez les Romains les heures, qu'elles fussent au nombre de dix ou de douze par jour, avaient une durée inégale, puisque le jour était le temps variable compris entre le lever et le coucher du soleil. On comprend quelles difficultés devaient exister dans les relations civiles par suite de cette division arbitraire du temps. Aussi, 159 ans avant notre ère, une clepsydre publique fut installée à Rome, et un des officiers du préteur, c'est-à-dire du consul qui marchait en tête des armées, fut chargé d'observer la clepsydre et d'*annoncer* certaines heures.

Au xvᵉ siècle, nous trouvons la journée divisée en quatre termes également distants. Ces divisions ont été indiquées par l'Église : *prime*, à six heures du matin; *tierce*, à neuf heures; *none*, à midi; *vêpres*, de trois à six heures. Vous savez que, par extension, on donna le nom d'*heures* aux prières qui se disaient à des moments déterminés de la journée, et même que chaque prière porte encore le nom particulier de l'heure à laquelle on la fait : Matines, Prime, Tierce, Sexte, None, Vêpres et Complies. Ces heures se divisent encore en *majeures* et *mineures*. Les livres de prières s'appellent aussi livres d'heures.

L'heure des offices de l'Église apprenait donc publiquement le moment de la journée, et l'appel des fidèles se faisait, comme cela a lieu encore aujourd'hui, au moyen de cloches, dont l'usage paraît avoir été adopté, dans l'Église d'Occident, dès le ivᵉ siècle. Déjà, du reste, les Grecs et les Romains se servaient de la cloche pour divers usages. Ainsi, le soldat grec chargé des rondes de nuit portait une cloche, d'où le nom de Codonophore qui lui avait été donné. A Rome, les cloches indiquaient l'heure de l'ouverture des bains publics, la vente de certaines denrées, l'heure des réunions importantes, etc. Nous verrons tout à l'heure comment s'est transformé cet usage de faire connaître au public la véritable division du jour.

: Les heures des prières, avons-nous dit, étaient annoncées par les cloches ; mais il y avait une autre heure encore que certaines cloches indiquaient : c'est l'heure du couvre-feu. Il n'était pas permis autrefois de prolonger indéfiniment les veilles, et si rien n'obligeait les gens à se lever avec l'aurore, du moins devait-on se coucher à heure fixe. A huit ou neuf heures du soir, selon les saisons, chacun devait être rentré chez soi ; il était défendu, après cette heure, de conserver du feu ou de la lumière. On attribue à Guillaume le Conquérant la loi du couvre-feu, qui doit cependant remonter à une époque plus ancienne. Ne croyez pas que le vainqueur d'Hastings, soucieux de la santé de ses sujets, ait voulu leur éviter les fatigues des veilles prolongées. Non, il s'agissait avant tout d'une mesure de police prise pour éviter les incendies, et surtout pour mettre l'État à l'abri des conspirations nocturnes.

A Paris, au xv° siècle, la cloche de Notre-Dame sonnait le couvre-feu, puis le signal fut ensuite donné par la cloche de Saint-Séverin. Sous Louis XIV, l'heure du couvre-feu fut reculée jusqu'à neuf heures et indiquée par la cloche de la Sorbonne. Dans chaque ville de province, on avait élevé une espèce de tour qu'on appelait *beffroi* et sur laquelle se tenait un guetteur chargé surtout d'annoncer les incendies ; la cloche du beffroi sonnait les élections, l'ouverture et la clôture des marchés, enfin l'heure du couvre-feu.

Reportez-vous par la pensée au Paris du XVe ou même du XVIe siècle et vous comprendrez l'utilité de cette mesure vexatoire qui obligeait les Parisiens à dormir à heure fixe. La bonne ville de Lutèce ne ressemblait en rien au Paris que nous connaissons. Paris était un véritable coupe-gorge, le centre des séditions et des brigandages. Des bandes de voleurs, la figure couverte d'un masque, pillaient la ville, même en plein jour. A côté de ces *mauvais garçons*, des bandes corses et italiennes désolaient Paris par leurs meurtres et leurs vols... Et les gendarmes les imitaient souvent ! Il y avait bien une milice spéciale, le *guet*, chargée de veiller sur la ville, et divisée en deux groupes : le *guet royal*, « formé d'un certain nombre d'hommes à pied et à cheval, qui faisaient la ronde dans les rues », et le *guet assis*, formé de bourgeois ou artisans, « que l'on plaçait en divers quartiers de Paris, de manière qu'ils pussent se prêter un mutuel secours. » Cette force armée, qui fut l'origine de nos gardes nationales, ne pouvait lutter avec avantage contre les malfaiteurs dont la ville était infestée, d'autant plus que leur prestige avait beaucoup à souffrir de la pétulance des écoliers et de la morgue des seigneurs, qui considéraient comme œuvre pie de *rosser le guet* à l'occasion.

Donc, non pas pour apprendre l'heure aux Parisiens, qui de par la loi devaient être couchés après le couvre-feu, mais pour montrer que leur vigilance n'était pas endormie, des guetteurs parcouraient la ville en criant : « Il est dix heures, ou il est minuit..... Parisiens, dormez ! »

Pendant de longues années, le branle des cloches et les cris du guetteur furent les seuls moyens publics qu'on possédât de connaître l'heure. Et l'heure des offices était établie par un sacristain qui consultait les astres, ou, comme cela avait lieu en Allemagne, d'après le chant du coq.

Nous n'allons pas, bien entendu, entreprendre l'historique de l'invention des horloges et des montres. Disons seulement que la première mention des

HORLOGE DU PALAIS.

horloges se trouve dans un livre intitulé : *Usages de l'ordre de Cîteaux*, écrit vers 1120.

Signalons : l'horloge du Palais, établie à Paris en 1370, construite par Henri de Vic, qui fut payé pour ce travail à raison de six sous parisis par jour; l'horloge de Strasbourg, construite en 1574 par Isaac Habrech, reconstruite en 1838 par Schwilgué, qui en a fait un chef-d'œuvre de mécanique, etc.

Vous connaissez l'horloge du Palais, qui est placée

à l'angle du boulevard du Palais et du quai de l'Horloge; la tour dans laquelle elle est placée contenait une cloche appelée *tocsin*. Remarquez en passant ce

HORLOGE DE STRASBOURG.

curieux mot formé de deux racines, l'une française *toquer*, qui veut dire frapper, l'autre anglaise *sing*, qui signifie petite cloche. Le tocsin de l'horloge du Palais ne devait être mis en branle que dans de rares occasions : lors de la naissance ou de la mort des rois et de leurs fils aînés. Vous savez que ce fut la cloche de l'église Saint-Germain l'Auxerrois qui, dans la nuit du 24 août 1572, donna le signal des massacres de de la Saint-Barthélemy.

Aujourd'hui le nombre des horloges publiques est considérable. Quelques-unes, ne se contentant pas de faire entendre par le choc d'un marteau sur un timbre les heures, les demies, voire même les quarts d'heure, accompagnent cette indication d'airs plus ou moins variés. Ce sont de véritables carillons.

Malheureusement ces horloges sont rarement d'accord entre elles. Les sonneries se font entendre successivement comme si chacune attendait que la précédente fût rentrée dans le silence. Et l'heure de midi s'entend parfois durant plusieurs minutes! Si nous négligeons même l'agacement nerveux qui résulte de tous ces sons de cloches, il est bien évident que l'irrégularité des horloges peut être préjudiciable, d'autant mieux que celles des chemins de fer ne s'accordent avec aucune autre de la ville. On est obligé, quand on vous interroge sur l'heure, de répondre, suivant les cas : c'est l'heure de la Bourse, ou l'heure de l'Observatoire, ou l'heure du Palais-Royal... Quelle est la vraie?

Depuis un certain nombre d'années, le canon du Palais-Royal s'est chargé de régler les horloges des Parisiens. Tous les jours, à midi (quand il fait beau, bien entendu), les rayons du soleil, reçus sur une lentille convenablement inclinée, enflamment une charge de poudre placée au foyer de la lentille. Autour de cette horloge d'un nouveau genre, les Parisiens, la montre à la main, attendent le signal de midi.

Ce canon du Palais-Royal a une histoire très curieuse et peu connue, que je reproduis ici.

« La borne granitique sur laquelle est braquée la
petite pièce en cuivre qui fait explosion à l'heure de
midi, au moyen d'un appareil lenticulaire, quand il
fait du soleil, a été posée en 1641. Elle indique un
point où passait diagonalement la ligne de l'enceinte
du Paris de Charles V (1412), que le cardinal de
Richelieu fit supprimer lorsqu'il fit bâtir le palais
par Jacques Lemercier en 1629.

« C'est sous l'administration du Régent que l'on ex-
posa à la radiation solaire ce petit canon qui fut pour
les Parisiens un objet de curiosité tel, que la foule se
pressait à l'heure de midi aux portes du jardin et
s'entassait aux fenêtres des maisons voisines dans les
rues de Richelieu et des Bons-Enfants.

« Il faut rappeler que le jardin du Palais-Royal était
alors (1715) autrement vaste que celui que l'on voit
actuellement. Il s'étendait jusqu'aux maisons qui
ont façade sur les rues des Bons-Enfants, de Richelieu et des Petits-Champs. La promenade n'y était pas
absolument publique ; mais les habitants des maisons qui formaient le pourtour du jardin avaient
droit de s'y promener, et les portiers de ces propriétés ne se privaient pas de tirer bénéfice de
leurs clefs de communication en faisant pénétrer
des étrangers dans le jardin.

« Les galeries du Palais-Royal ont été construites
vers 1781. Il y a cent ans aujourd'hui, l'architecte
Louis, auteur du théâtre de Bordeaux, du Théâtre-
Français et de l'Opéra (place Louvois), reçut l'ordre
de transformer et d'écourter ce magnifique jardin au
moyen de galeries que Philippe-Égalité mit en loca-
tion d'une façon très avantageuse.

« Vers cette époque, le canon régulateur changea de place. Un limonadier-restaurateur s'établit dans la rue Beaujolais à côté des Frères-Provençaux; il se nommait Cuisinier, — un nom bien en situation, on le voit. Or cet industriel, dans le but d'attirer la clientèle dans son établissement, obtint l'autorisation de faire placer le canon régulateur à la croisée de l'étage où étaient ses salons. Le canon fit fureur. De grands personnages en vogue vinrent s'y restaurer et s'y rafraîchir pour voir partir le canon et régler leurs montres. Quand le soleil faisait défaut, tel consommateur demandait, comme chose fort amusante, de mettre avec son cigare le feu à l'amorce du canon.

« Cambacérès y prenait son chocolat à onze heures du matin et se rendait, au coup de midi, à la Convention. Boïeldieu, jeune encore, y déjeunait modestement à côté de Méhul, qui débutait alors avec son opéra d'*Euphrosine et Coradin*, et de Devienne, qui venait d'obtenir un grand succès avec *les Visitandines*. On y voyait Talma, tout fier du rôle de Brutus dans la tragédie de ce nom, partager avec André Chénier un modeste déjeuner dont une omelette soufflée faisait le principal entremets. Redouté, le célèbre peintre de fleurs, jouait aux échecs avec David et avec le journaliste Martainville. Monvel, l'acteur, s'y montrait quelquefois pour faire voir le canon à sa jeune fille, qui débutait au théâtre Montansier et qui fut mademoiselle Mars ! La Montansier et Verteuil, le régisseur du théâtre, s'y faisaient remarquer par leurs bruyantes conversations avec Hébert, le fougueux « Père Duchêne », qui leur récitait son dernier pamphlet.

« Vers la fin du Directoire, c'est-à-dire vers 1799, le

canon régulateur reprit la place qu'il occupe aujour-
d'hui. C'était dans le voisinage des galeries de bois,
où se portait la foule des promeneurs.

Le café Cuisinier prit le nom de café de la Rotonde. »

On vient d'installer dans le port de New-York un
avertisseur spécial, que les Américains appellent
Time-ball, nom que nous pouvons traduire ainsi :
boule indicatrice du temps. Une boule, formée de
douze feuilles minces de cuivre, tombe de sept pieds
de haut sur des plongeurs destinés à amortir la chute
et reposant sur des coussins remplis d'air. Cette
boule, située sur une tour très élevée et visible à une
grande distance, indique aux marins et aux habitants
de New-York l'heure de midi. On la hisse cinq minutes environ avant l'heure, et, au moment où le
premier coup de midi doit sonner, elle tombe. Il n'y
a pas d'observatoire à New-York ; mais il y en a un à
Washington, et c'est de là qu'un astronome, les yeux
fixés sur l'horloge et la main sur un manipulateur,
se prépare à faire passer un courant électrique qui
franchit instantanément la distance qui sépare l'observatoire de la tour du Time-ball. Quand le courant
passe, il déclanche le support de la boule et celle-ci
tombe.

Le canon du Palais-Royal, le Time-ball américain,
l'heure donnée par les observatoires, n'apprennent
qu'une seule chose en somme : c'est l'heure exacte
au moment où l'on règle sa montre ou sa pendule.
Sans doute il y a un progrès très réel ; mais en
vingt-quatre heures les horloges peuvent varier, et
puis, il n'est pas commode d'aller tous les jours à
l'Observatoire ou au Palais-Royal régler sa montre
et revenir mettre à l'heure, tous les jours, les horloges
publiques.

Nous avons vu fonctionner, il y a quelque temps, un appareil très ingénieux dû à M. Collin et dont le nom indique bien l'usage auquel il est destiné. C'est un appareil *de mise à l'heure électrique*. Une bonne horloge est reliée télégraphiquement avec les différentes pendules qu'il s'agit de régler. Au moyen d'un système mécanique assez simple, toutes les heures l'horloge régulatrice agit sur celles qu'elle commande de manière à leur faire marquer exactement cette heure-là. Pendant 60 minutes, les pendules pourront avancer, retarder et ce sera évidemment de très petites quantités, mais à l'heure juste elles seront toutes d'accord. C'est la mise en pratique de cette consigne burlesque donnée par un chef d'orchestre aux artistes inexpérimentés qu'il dirigeait : « Je vous donne rendez-vous, disait-il en attaquant un morceau de musique, au premier point d'orgue ! »

II. — LES HORLOGES PNEUMATIQUES

Le problème de l'unification de l'heure dans les différents quartiers d'une même ville, a été vainement poursuivi. Remarquez que je ne parle pas de rendre l'heure uniforme d'une ville à l'autre et à plus forte raison d'un pays à un autre pays : il n'est que trop certain, en effet, que ces heures doivent varier, puisqu'il n'est midi, au même moment, dans deux endroits différents de la terre que si ces lieux sont placés sur le même méridien.

Dans une grande ville, à Paris par exemple, toutes les horloges devraient donner les mêmes indications : on sait qu'il n'en est rien, et, bien que le temps soit

de l'argent, comme disent les Anglais, ce temps
est indiqué d'une manière très irrégulière par les
diverses pendules.

C'est à l'Observatoire
de Paris seulement,
grâce aux déterminations
astronomiques qui sont
faites chaque jour, qu'on
possède l'heure exacte.
Jusqu'ici, tous les lundis,
un certain nombre d'hor-
logers se rendaient à
l'Observatoire et pre-
naient l'heure indiquée
sur les chronomètres. On
a songé à donner ce
renseignement télégra-
phiquement aux diffé-
rents quartiers de la ville
et, depuis près d'une an-
née, on peut voir aux
abords de certaines mai-
ries des horloges reliées
par un fil électrique à
une pendule placée dans
les caves de l'Observa-
toire. En même temps,
on essayait d'autres pro-
cédés. En Autriche on se
servait depuis quelques
années d'horloges mues

HORLOGE PNEUMATIQUE.

par l'air comprimé, lorsqu'une compagnie eut l'idée
d'appliquer en France le système qui avait si bien
réussi à Vienne.

Vous connaissez les cadrans qui ont été adaptés aux candélabres placés sur nos boulevards et sur quelques-unes de nos places publiques. On peut trouver que leur aspect laisse quelque chose à désirer au point de vue de l'élégance, mais tout le monde doit reconnaître que leur utilité est incontestable. Comment fonctionnent ces horloges pneumatiques ?

L'air, grâce à un mécanisme que nous étudierons

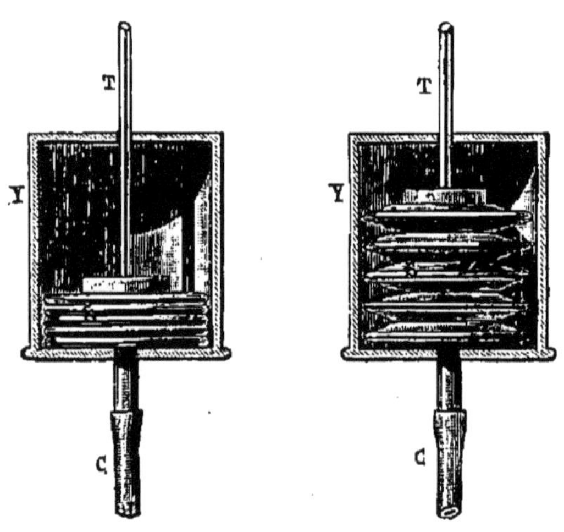

DÉTAILS DE LA BOITE

tout à l'heure en détail, arrive par le tuyau C dans une boîte Y dont vous voyez l'intérieur sur un dessin spécial. A chaque arrivée d'air, le soufflet S se gonfle et fait monter la tige T qui le surmonte. A son tour, la tige T soulève un levier mobile autour d'un axe dont vous voyez en A (p. 35) l'extrémité, et par l'intermédiaire du doigt r fait tourner la roue R de droite à gauche. Cette roue, qui porte l'aiguille des minutes du cadran, a soixante dents : si l'arrivée d'air se fait exactement toutes les minutes, la grande aiguille parcourra donc le cadran en une heure.

J'ai à peine besoin d'ajouter qu'une seconde roue,
laquelle porte l'aiguille des heures, est reliée à la

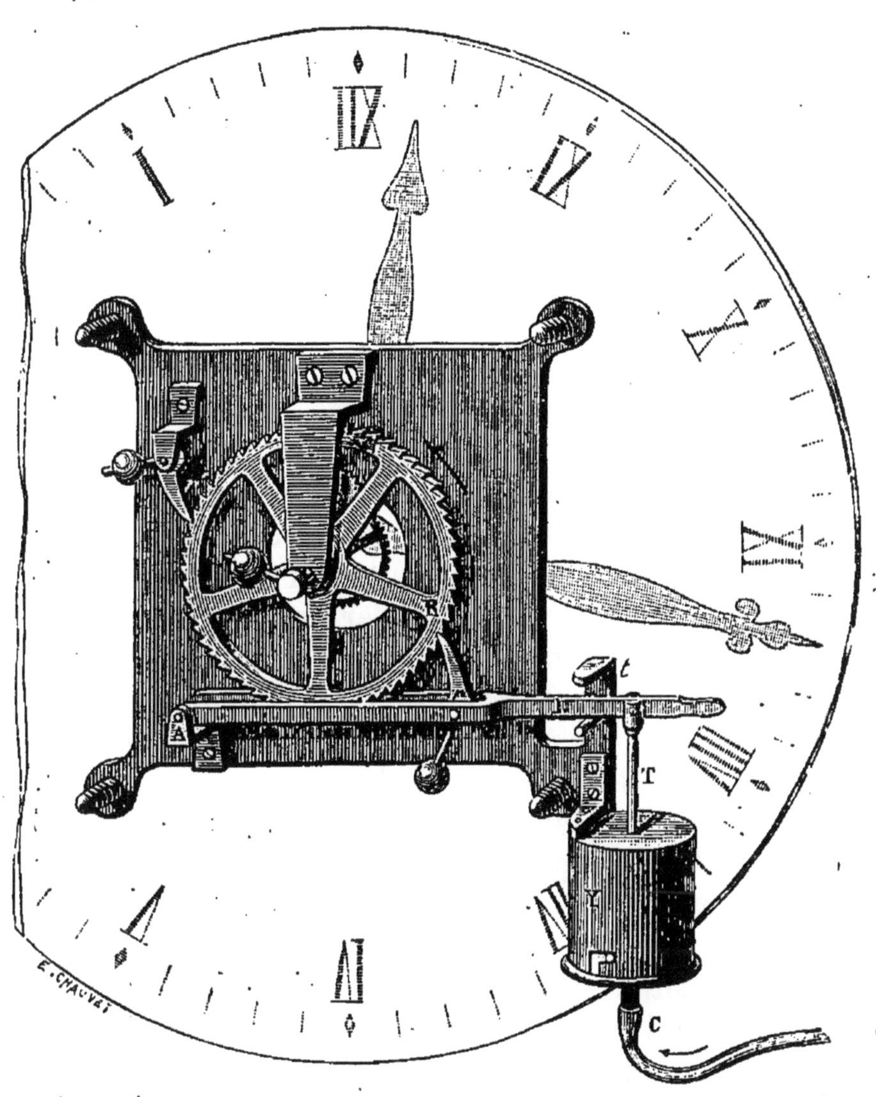

CADRAN DE L'HORLOGE PNEUMATIQUE.

première de manière qu'elle avance d'une dent pour
un tour entier de la roue des minutes.

Si la poussée était trop forte, on pourrait craindre

que le levier, et par suite le doigt *r*, ne fût soulevé trop haut : dans ce cas la roue tournerait de plus d'une dent. On limite la course du levier en le maintenant dans un étrier *t*, qui ne lui permet pas de dépasser une certaine hauteur.

Comment a lieu l'arrivée régulière de l'air?

A l'usine centrale, on a installé une horloge bien construite donnant exactement l'heure de l'Observatoire. Je suppose pour l'instant qu'on ait à sa disposition une réserve suffisante d'air comprimé : comment cet air recevra-t-il des pulsations régulières ?

L'horloge figurée sur notre dessin, et qui ne diffère en rien des horloges à poids ordinaires, est surmontée d'un petit cadran marquant les secondes. Ce cadran, lié au premier, communique son mouvement à un excentrique que vous apercevez sur le dessin de la page 38 ; cet excentrique tourne autour d'un axe représenté en E et fait avancer ou reculer une tige qui lui est fixée. Un mécanisme très simple, qu'on aperçoit aisément, communique ce mouvement de va-et-vient à une seconde tige qui pénètre dans un tiroir analogue à ceux qui distribuent la vapeur dans nos machines.

Le tiroir communique d'une part avec un tuyau S qui amène l'air comprimé et, d'autre part, avec un tuyau N qui distribue cet air dans les différentes conduites de la ville.

Dans la position de la tige représentée sur notre dessin, l'air arrive en J et passe par le conduit N : à ce moment l'aiguille avance sur tous les cadrans. La tige avance, occupe la position figurée en pointillé : non seulement l'air comprimé n'est plus lancé dans les tuyaux de distribution, mais cet air s'échappe par l'ouverture K dans l'atmosphère.

Au bout de soixante secondes, la tige aura repris

dans le tiroir sa première position : un nouveau jet
d'air viendra pousser les aiguilles des horloges pneu-

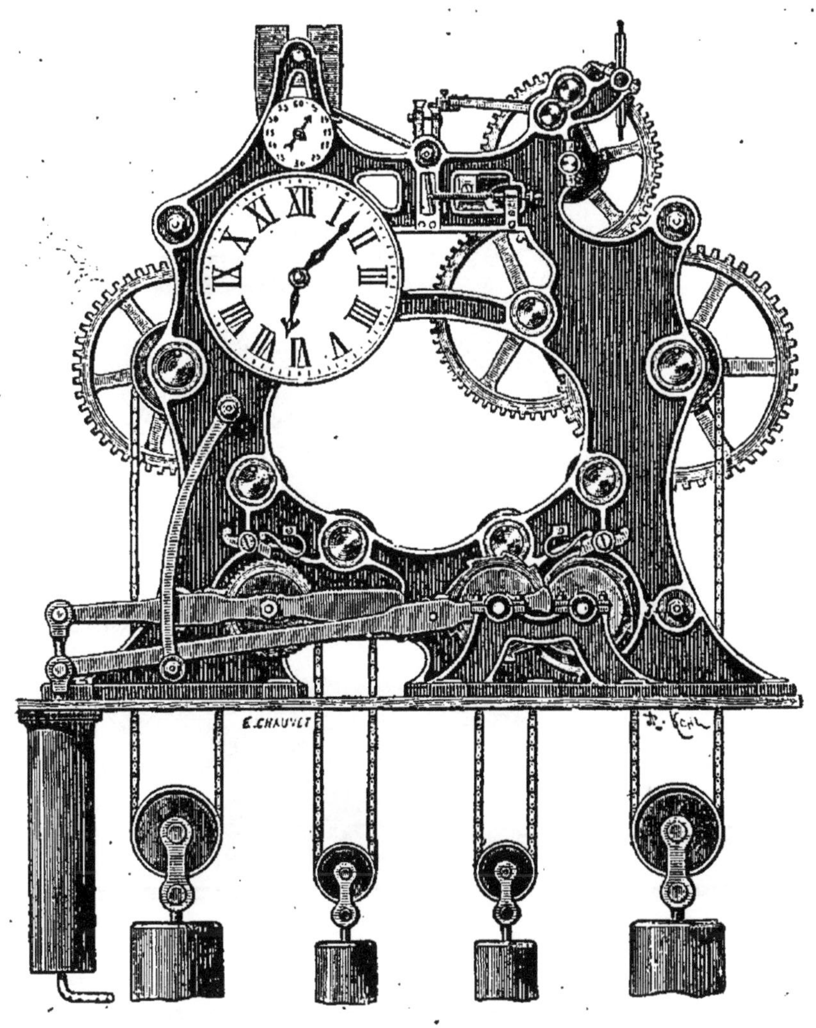

HORLOGE A L'USINE CENTRALE

matiques. Au bout de quinze secondes environ, ce jet
s'arrêtera...

Vous avez compris :

Que l'air comprimé provenant d'un réservoir est envoyé par pulsations dans les conduites;

Que ces pulsations sont produites par le mouvement de la tige qui pénètre dans le tiroir;

Que ces mouvements de la tige sont déterminés par

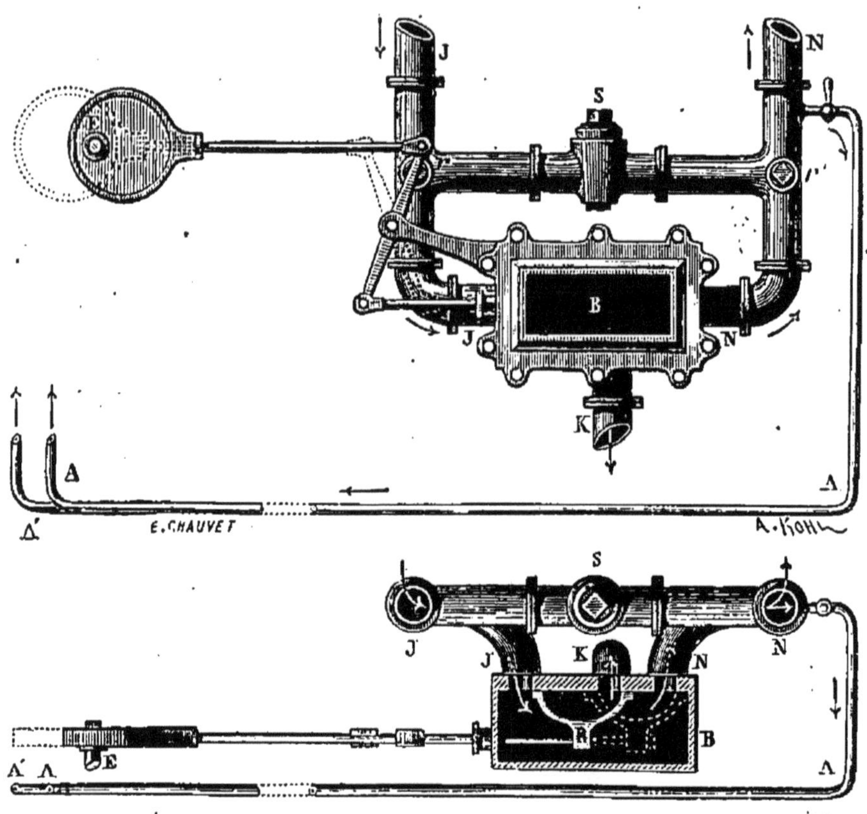

MANŒUVRE DU TIROIR.

le cadran des secondes qui communique son mouvement à un excentrique.

Je n'ai pas à indiquer comment manœuvrent les machines à vapeur qui font mouvoir les pompes à air; il me suffira de dire que cet air comprimé est emmagasiné dans de grands réservoirs, d'où il est dirigé dans l'appareil distributeur.

Une objection se présente naturellement à l'esprit : cet air comprimé, lancé de la station centrale aux différentes stations situées sur la voie publique par l'intermédiaire de tuyaux placés sous le sol, n'arrive pas instantanément à l'horloge. Si celle-ci est placée à un kilomètre, il faudra près d'une minute avant que l'air agisse sur l'aiguille du cadran. Si l'horloge est placée à 2, 3,... kilomètres, le retard pourra s'élever à 2, 3,... minutes. Les horloges pneumatiques n'ont pas la prétention de remplacer les horloges électriques, qui donnent l'heure avec la plus entière exactitude. Mais on conçoit que, pour les usages ordinaires de la vie, il sera bien suffisant de connaître l'heure à deux minutes près.

LE TÉLÉGRAPHE OPTIQUE

En novembre 1870, la situation de Paris assiégé devenait chaque jour plus difficile. Je ne parle pas de la misère de deux millions d'habitants, privés de nourriture et de chauffage, au milieu d'une saison exceptionnellement rigoureuse; je me place seulement au point de vue de la défense. Les communications avec la province devenaient de plus en plus rares.

Le télégraphe électrique ne servait plus depuis longtemps et l'on avait acquis une nouvelle fois la preuve qu'il n'était d'aucune utilité en temps de guerre, le premier soin d'une armée ennemie étant de couper les fils télégraphiques qui relient les places fortes du pays envahi.

De nombreux départs avaient eu lieu en ballon, et, malgré les dangers très réels que couraient les aéronautes, le gouvernement de la défense nationale n'avait jamais manqué d'hommes de bonne volonté. Cependant, en admettant même que ces ballons pussent atterrir, ils ne pouvaient que transmettre des avis au dehors et non nous apporter des renseignements sur l'organisation des armées de secours.

Les pigeons voyageurs vinrent à notre aide; mais

à mesure que la saison devenait plus rigoureuse, leur retour s'effectuait avec plus de difficulté.

Le comité de défense s'ingéniait à chercher les moyens de communiquer avec le dehors. On avait établi un tuyau acoustique de 600 mètres entre l'avancée de Billancourt et la porte de Versailles : c'était un tuyau de laiton enterré dans le sol; les ordres se transmettaient sur le ton de la conversation, tout à fait comme si les deux correspondants eussent été en présence l'un de l'autre. Malheureusement il n'était pas possible de prolonger ces tuyaux en dehors de l'enceinte des fortifications.

Plusieurs savants réunis à l'Observatoire de Paris, MM. Mangin, Cornu, Laussédat, Maurat, Lissajous, projetèrent de communiquer avec la province au moyen de signaux optiques. Dans le même temps, un illustre astronome, Le Verrier, résidant alors à Marseille, avait la même idée; il proposait au comité de défense installé à Bordeaux d'essayer un système de télégraphie optique qu'il venait d'imaginer.

Hélas! tous ces essais, toutes ces recherches demandaient du temps. Quand on se fut assuré que le système pouvait fonctionner, et au moment même où M. Lissajous, qui avait quitté Paris en ballon, disposait ses appareils, on apprit qu'un armistice venait d'être signé avec la Prusse!

Toutefois, sans attendre que les essais fussent complètement satisfaisants, un savant professeur, M. d'Almeida, avait déjà pu quitter Paris et s'était installé à proximité de la ville, essayant de communiquer avec quelques-uns de ses collaborateurs, parmi lesquels se trouvait l'auteur de ce livre.

Nous étions installés sur la terrasse supérieure de l'Observatoire de Paris; il avait été convenu que les communications n'auraient lieu qu'à partir de deux heures du matin. Une fusée lancée par M. d'Almeida devait nous prévenir qu'il était à son poste; l'artificier, M. Ruggieri, nous avait fabriqué d'énormes fusées s'élevant à une grande hauteur, qui devaient faire savoir à notre correspondant que nous étions prêts.

Dans la nuit sombre, les pieds enfouis dans la neige, un chronomètre à la main, nous attendîmes durant trente nuits le signal convenu. Voici comment nous devions correspondre :

Après avoir signalé sa présence et s'être assuré que nous étions à notre poste, M. d'Almeida devait projeter sur les nuages un puissant faisceau de lumière électrique. En envoyant et en supprimant alternativement le jet de lumière, il produisait des éclipses plus ou moins longues, dont nous devions apprécier la durée à l'aide de notre chronomètre. Une éclipse de dix secondes signifiait *un point;* une éclipse de 20 secondes correspondait à *un trait.*

On sait que l'alphabet imaginé par l'ingénieur Morse, et presque universellement adopté, se compose uniquement de points et de traits. Voici comment sont représentées dans ce système les 25 lettres de notre alphabet.

a	b	c	d	e	f	g	h	i	j
·—	—···	—·—·	—··	·	··—	·——·	····	··	·———

k	l	m	n	o	p	q	r	s
—·—	·—··	——	—·	———	·——·	——·—	·—·	···

t	u	v	x	y	z
—	··—	···—	—··—	—·——	——··

On comprend qu'avec le système d'éclipses d'inégale durée il était possible d'assembler des lettres de manière à reconstituer des mots, des phrases. Hélas! durant trente nuits, fidèles à notre poste, nous attendîmes les signaux lumineux de M. d'Almeida. Au-dessus de nos têtes passaient les bombes prussiennes qui tentaient d'incendier nos monuments ; l'établissement scientifique que nous occupions servait précisément de cible aux tireurs allemands.

Ces essais n'aboutirent pas.

Les tentatives du colonel Mangin, de MM. Cornu, Lissajous, Laussedat, Maurat, étaient plus pratiques. Elles auraient certainement été couronnées de succès si elles avaient pu aboutir en temps utile : j'ai dit que la reddition de Paris arriva au moment où le système allait fonctionner.

Depuis la malheureuse guerre de 1870, la télégraphie optique n'a pas cessé d'être l'objet des études d'un grand nombre de savants, et dans la récente expédition contre les Kroumirs elle a joué un rôle très important.

L'idée de communiquer à distance avec des signaux de feu n'est pas nouvelle; elle était pratiquée même chez les peuplades sauvages de l'Afrique. Les historiens nous ont appris que les Arabes et les Asiatiques pratiquaient l'art de parler au moyen de signaux visuels. « Les Chinois avaient élevé des machines à feu sur la grande muraille, longue de 188 lieues, pour donner l'alarme à toute la frontière qui les séparait des Tartares, lorsque quelque horde de ce peuple les menaçait. Ils employaient, ainsi que les Indiens, des feux si brillants qu'ils perçaient le brouillard et que ni la pluie ni le vent ne pouvaient les éteindre. Les Anglais, ayant rapporté de l'Inde la composition de ces feux, s'en servirent dans les opérations faites en 1787 pour la jonction astronomique des Observatoires de Paris et de Greenwich. »

L'appareil qui a été adopté dans notre armée est dû au colonel Mangin. Voici en quoi il consiste :

Une boîte rectangulaire en bois est divisée en deux parties par une cloison percée d'une petite ouverture devant laquelle se trouve un écran mobile. Cet écran, quand il est levé, découvre l'ouverture; il la masque au contraire quand il est abaissé. On comprend tout de suite que ce sont les mouvements de cet écran qui déterminent les jets de lumière et les éclipses; il suffira que l'opérateur puisse le faire manœuvrer facilement et rapidement.

Dans la partie antérieure de la boîte se trouve une lampe dont la lumière, renvoyée par un bon réflecteur, passera à travers l'orifice de la cloison, chaque fois que l'écran sera soulevé.

Une lunette, bien fixée à la boîte et placée en dehors, permet à l'observateur de parcourir l'horizon et de chercher l'endroit où se trouve son correspondant. Jusqu'à ce que ce résultat ait été obtenu, les deux postes laisseront l'écran soulevé. Après avoir déplacé l'instrument de manière à balayer l'horizon, je suppose que les deux officiers se trouvent enfin placés dans la même direction : à ce moment ils pourront correspondre au moyen de signaux et d'éclipses, ainsi que nous l'avons dit.

Quand on opère dans la journée, il n'est pas nécessaire de placer dans la partie antérieure de la boîte une lampe allumée. La lumière du soleil, réfléchie par un miroir, peut être dirigée à travers la fente de la cloison intérieure et l'on peut, comme on le faisait avec le faisceau lumineux de la lampe, déterminer des éclipses de lumière. Toutefois, quand on utilise la lumière solaire, on ne doit pas man-

LE TÉLÉGRAPHE OPTIQUE.

quer de prendre une précaution bien nécessaire.

Le soleil ne reste pas durant toute la journée à la même hauteur ; il faut donc, presque à chaque instant, faire mouvoir le miroir extérieur à l'appareil, de manière que le faisceau lumineux passe toujours au même point intérieur de la boîte. Cette espèce de mise au point perpétuelle présenterait certainement de graves inconvénients, quand cela ne serait que la perte de temps nécessitée par cette manipulation. Certains appareils sont munis de miroirs mobiles appelés *héliostats*, fixés sur un appareil d'horlogerie tellement établi que ces miroirs suivent constamment le mouvement du soleil. L'opérateur continue ses lectures et ses transmissions sans plus s'occuper du soleil.... si ce n'est au moment où il disparaît.

On peut ainsi correspondre à des distances très considérables, dont la longueur dépend d'ailleurs de l'intensité de la source de lumière. Une simple lampe à pétrole donne des signaux perceptibles à 20 kilomètres ; la lumière solaire se transmet pour ainsi dire à toute distance.

En temps de guerre, quand deux forteresses assiégées communiquent entre elles, on peut craindre que l'ennemi ne soit averti par ces éclipses de lumière de la présence des opérateurs, et même qu'il ne trouve le moyen de lire les signaux. Il est bien certain, en effet, que si des points lumineux existent à l'horizon, on ne les remarquera, en général, que dans le cas où ils viendraient successivement à briller et à s'éteindre.

On a donc cherché le moyen de communiquer sans produire d'éclipses de lumière. On a introduit dans la boîte un prisme de verre qui décompose la lumière blanche et produit des rayons colorés : un feu vert représentant par exemple un point et un feu rouge représentant un trait. Il est bien certain, en effet, qu'une lumière *fixe*, verte ou rouge, attire moins l'attention que la disparition brusque d'un faisceau lumineux.

Au lieu de décomposer la lumière blanche par un prisme, on peut encore introduire dans le jet lumineux des verres rouges ou verts que l'opérateur tient à la main et qu'il peut manœuvrer avec rapidité.

Quel que soit le système adopté, il est possible de transmettre 20 mots à la minute.

LE PHOTOPHONE

M. Graham Bell, le physicien américain [1] auquel nous devons l'invention du téléphone, vient de faire une nouvelle découverte, plus curieuse peut-être que la première. M. Bell est parvenu à FAIRE PARLER LA LUMIÈRE! L'instrument qu'il a imaginé porte le nom de *photophone,* de deux mots grecs : *phos*, lumière, et *phonè*, voix.

Un rayon lumineux est capable de produire un son; voilà le fait capital observé par M. Bell. Sans doute, quand le soleil vient frapper notre visage, nous n'entendons rien. Mais si nous pouvions placer entre notre oreille et le soleil un écran mobile, animé d'un mouvement de va-et-vient assez rapide pour que, dans une seconde, il arrête un grand nombre de fois les rayons lumineux, ces éclipses fréquentes nous permettraient d'entendre un son, et ce son ne sera pas quelconque, sa hauteur variera avec le nombre des éclipses produites dans un temps donné.

Voici un moyen bien simple de réaliser cette expérience. Prenons un disque de carton percé vers sa circonférence d'un grand nombre de petits trous et animé d'un mouvement rapide de rotation, grâce à

---

1. M. Graham Bell, né à Édimbourg (Écosse), s'est fait naturaliser citoyen américain.

une manivelle fixée à son centre. Obligeons les rayons lumineux à frapper ce disque mobile avant de nous parvenir : ils seront nécessairement arrêtés chaque fois que la partie pleine du disque succèdera au vide d'un trou. Plus le mouvement du disque sera rapide, plus le nombre des éclipses sera considérable dans le même temps. Dans ces conditions, nous entendrons nettement un son musical. Un second disque, percé de trous plus rapprochés, nous permettrait d'entendre un autre son. Avec des disques différents, il sera possible d'entendre l'accord parfait, do, mi, sol, do.

On peut donc faire chanter la lumière !

Les sons ainsi produits sont à la vérité un peu faibles. M. Bell est parvenu à les renforcer au moyen d'un dispositif spécial, que nous allons décrire.

Nos lecteurs se rappellent en quoi consiste le téléphone. A la station de départ est une membrane qui vibre quand on parle auprès d'elle ; chaque son produit par notre voix lui communique un état vibratoire particulier.

A la station d'arrivée, on a placé une seconde membrane pareille à la première. Si nous pouvions lui transmettre les mêmes mouvements que ceux dont est animée la membrane de la station de départ, il arriverait ceci : ma voix déterminerait dans la première membrane un état vibratoire particulier qui serait transmis à la membrane réceptrice, et celle-ci, vibrant à son tour, reproduirait le son que ma voix a émis.

La seule difficulté consiste dans cette transmission, à longue distance, des mouvements vibratoires d'une plaque. Nous avons dit ailleurs[1] comment le problème avait été résolu par M. G. Bell. D'une station à

1. *Nos vraies conquêtes*, page 88.

l'autre, on a placé des fils télégraphiques ; les mouvements de la membrane transmettrice font successivement naître, puis interrompre le courant électrique qui circule dans les fils. La membrane réceptrice est donc successivement attirée, puis abandonnée par un aimant : de là les vibrations.

Dans le nouvel appareil de M. Bell, tout reste semblable à l'ancien téléphone : les deux membranes jouent le même rôle qu'autrefois. La première vibre toujours sous l'influence de la voix ; c'est toujours par suite d'un courant transmis, puis interrompu que la membrane réceptrice se met à vibrer ; seulement, il n'y a plus *aucun fil* entre les deux stations de départ et d'arrivée. Rien ne relie, en apparence, celui qui parle et celui qui entend : c'est la lumière qui se charge de produire les courants et les interruptions des courants.

Répétons-le, avant d'aller plus loin : le téléphone ne parle que parce qu'une membrane, en vibrant, produit des sons ; ces vibrations sont déterminées par les mouvements d'une plaque métallique successivement attirée, puis abandonnée ; cette attraction elle-même est obtenue par l'action de fils métalliques, traversés par un courant électrique. Quand le courant passe, les fils jouent le rôle d'aimants : la plaque est attirée ; quand le courant cesse, la plaque retombe.

Il existe une substance, le sélénium, dont nous allons parler dans un instant, qui jouit d'une propriété curieuse. Quand on attache les deux fils d'une pile à un morceau de sélénium, le courant électrique est interrompu. Jusqu'ici rien de particulier ; les différents corps se divisent en effet en deux catégories : ceux qui laissent passer l'électricité et qu'on appelle *corps conducteurs*, et ceux qui s'opposent au passage de l'électricité, et qui portent le nom de *corps isolants.* Tout le monde sait, par exemple, que le verre, la soie, sont des corps isolants, et quand nous voulons faire des expériences d'électricité sur nous-mêmes, nous nous plaçons sur un tabouret reposant sur le sol par des *pieds de verre,* afin que l'électricité reste dans notre corps et ne disparaisse pas dans le sol. Donc le sélénium est un corps isolant. Mais, et voici ce qui caractérise ce corps très curieux, sous certaines influences, et par exemple quand il est frappé par un rayon de lumière, le sélénium, de corps isolant qu'il était, devient corps conducteur. C'est cette propriété que M. Bell a utilisée.

Disons maintenant quelques mots du sélénium, de ses propriétés physiques, de son mode de préparation.

En 1817, le grand chimiste Berzélius essayait, avec l'aide d'un autre savant, G. Gahn, de préparer de l'acide sulfurique avec certaines masses noires qui se trouvent dans le sol et qu'on appelle des *pyrites.* On donne le nom de *pyrite de fer* à un composé de soufre et de fer, celui de *pyrite de cuivre* à un composé de soufre et de cuivre.

Dans l'acide sulfurique ainsi obtenu, Berzélius constata la présence d'une substance étrangère et nouvelle, colorée en brun rouge. En brûlant cette substance, on sentait une odeur très caractéristique qui rappelait celle du raifort, de la rave. Or on connaissait depuis 1782 un corps, assez rare d'ailleurs, qui présentait précisément ce caractère curieux ; on l'avait appelé *tellure,* du mot latin *tellus,* qui veut dire terre. La substance trouvée par Berzélius n'était cependant pas du tellure, car celui-ci a une couleur blanche qui rappelle celle de l'étain, et le nouveau corps, nous l'avons dit, se présentait, sous la forme d'une poussière d'un rouge brique foncé. Pour marquer la parenté qui existait entre la nouvelle substance et le tellure, Berzélius lui donna le nom de *sélénium*, du grec *séléné*, lune.

Ajoutons que ces deux corps, qui ont tous deux un éclat métallique, se rapprochent du soufre par l'ensemble de leurs propriétés : ils brûlent tous deux en donnant une flamme bleuâtre livide. Comme le soufre qui se combine avec l'oxygène et produit de l'acide sulfureux et de l'acide sulfurique, le sélénium donne de l'acide sélénieux et de l'acide sélénique.

Dans les mines de plomb du Harz, près de Clausthal, on trouve des quantités assez abondantes d'un composé de sélénium et de plomb, qu'on appelle séléniure de plomb ; c'est de ce composé qu'on retire le sélénium. Si l'on fait agir, en effet, le gaz appelé chlore sur ce composé, il se convertit en chlorure de plomb et en chlorure de sélénium ; celui-ci, très volatil, s'échappe. Du chlorure de sélénium, et par une réaction qu'il est inutile d'indiquer ici, on retire le sélénium.

Le sélénium et le tellure, qui ont tant de propriétés communes, diffèrent cependant en un point : le tellure est un bon conducteur de l'électricité, tandis que le sélénium est un corps isolant.

Toutefois le sélénium, corps isolant, devient conducteur lorsqu'il est fondu à l'aide de la chaleur. Brusquement refroidi, le sélénium redevient isolant : il possède alors une couleur brun foncé. Refroidi lentement, il reste bon conducteur ; ses caractères physiques sont également modifiés : il a la couleur du plomb.

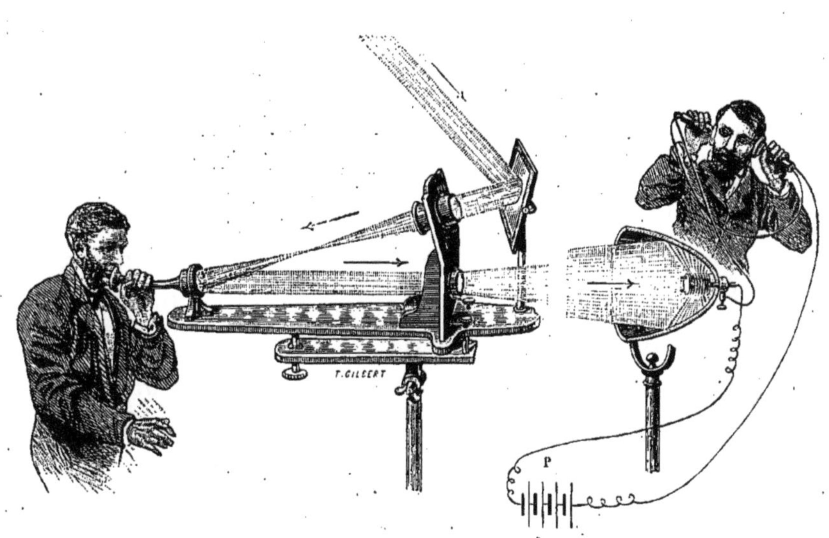

LE PHOTOPHONE.

Depuis longtemps on savait que les propriétés conductrices du sélénium sont modifiées quand on dirige sur lui un rayon lumineux. Déjà même on avait essayé de mesurer l'intensité des différentes lumières en les dirigeant sur un morceau de sélénium reliant les deux fils d'une pile, et en déterminant les résistances variables qu'il opposait, dans chaque cas, au passage du courant.

Ceci posé, on va comprendre bien facilement l'appareil construit par M. Graham Bell et son aide, M. Tainter. Présentons d'abord le savant à nos lecteurs : « M. Graham Bell est un grand et fort garçon de quarante ans environ, belle figure, sourire aimable, regard très doux. Il n'a rien du tout de ce sans-gène et de ce débraillé qu'on attribue généralement aux Américains. M. Bell ne sait pas un mot de français. » Si M. Bell ignore le français, nos lecteurs penseront qu'en revanche il n'ignore pas la physique !

A la station de départ se trouve un porte-voix formé par un petit miroir très mince qui tremble quand on parle. Sous l'influence de la parole, c'est-à-dire des vibrations correspondantes de l'air du porte-voix, ce miroir mince se bombe ou se creuse, devient concave ou convexe. Imaginez qu'un faisceau de lumière soit dirigé sur ce miroir : il sera réfléchi dans des directions très différentes, suivant que le miroir aura, à ce moment, une forme concave ou convexe.

A la station d'arrivée, placée aussi loin qu'on le voudra, se trouve une pile électrique, dont les fils aboutissent à une plaque de sélénium. Ces fils communiquent également avec un appareil téléphonique ordinaire. Quand le courant passe, la membrane du téléphone est attirée; quand le courant cesse, la mem-

brane est repoussée. Les passages et interruptions
du courant se manifestent donc par des vibrations de
la membrane et ces vibrations produisent un son.

Je n'ai plus qu'un mot à ajouter pour avoir terminé.

Un faisceau lumineux est renvoyé à l'aide d'une
glace sur un petit miroir placé à l'extrémité du porte-
voix. Ce faisceau va être réfléchi par ce miroir et dirigé sur un miroir parabolique représenté à droite
sur notre dessin. On sait que des rayons lumineux
tombant sur un miroir de forme parabolique se réfléchissent et se croisent en un point appelé foyer. C'est
en ce point qu'on a placé des plaques de sélénium.
Ces plaques, comme on le voit sur notre dessin, sont
reliées à des fils électriques communiquant d'une
part avec une pile (laquelle est représentée par de
simples traits) et d'autre part avec un téléphone.

Si donc le miroir du porte-voix est concave, les
rayons lumineux frapperont le sélénium et le courant
électrique passera dans les fils ; si, au contraire, le
miroir a une forme convexe, les rayons lumineux
réfléchis ne tomberont pas sur le grand miroir parabolique et par conséquent sur le sélénium : le courant
sera interrompu.

Ces deux formes, concave ou convexe, seront prises
par le même miroir quand on parlera dans le porte-
voix. Ce sont les vibrations de ce miroir, commu-
niquées par les vibrations de la voix, qui déforment
sa surface. Si donc, en une seconde par exemple, le
miroir fait vingt vibrations, le faisceau lumineux sera
vingt fois dirigé sur la plaque de sélénium, et vingt
fois il sera dévié de cette direction. A la station d'arrivée le courant sera donc vingt fois interrompu : la
plaque de fer du téléphone sera vingt fois par seconde

attirée et repoussée ; elle fera entendre un son correspondant à ce nombre de vibrations.

Tel est, dans toute sa simplicité, le photophone de Graham Bell.

Des expériences ont été faites à Paris et ont donné d'excellents résultats. A une distance de 213 mètres, M. Bell converse avec M. Tainter. On entend ce dernier prononcer distinctement : « M. Bell, if you hear what I say, come to the window and wave your hat. » (M. Bell, si vous entendez ce que je vous dis, venez à la fenêtre et agitez votre chapeau.)

Les expériences de M. Bell ont, de plus, fait connaître de nouvelles et curieuses propriétés du sélénium ; nous les indiquerons quelque jour. Nous n'avons voulu aujourd'hui qu'exposer dans toute sa simplicité la découverte du célèbre physicien américain.

Non seulement on peut se servir pour ces expériences de la lumière que nous envoie le soleil, mais on peut encore utiliser les différentes lumières artificielles : bougies, lampes, lumière électrique. Les communications photophoniques ne seront donc pas limitées par la présence du soleil au-dessus de l'horizon.

Quelles seront les applications scientifiques du photophone ? Nul ne peut le prévoir. Déjà M. Graham Bell a pensé qu'on pourrait peut-être déceler la présence de ces grands phénomènes dont le soleil est le théâtre, phénomènes qui se manifestent par de gigantesques explosions de gaz, par des changements d'éclat et de chaleur de la surface solaire. Ces changements seraient annoncés par des bruits que ferait entendre le photophone.

LA PHOSPHORESCENCE

Vous avez maintes fois aperçu, en vous promenant
la nuit dans la campagne, de petites lueurs d'un blanc
verdâtre ou bleuâtre qui font comme des taches lumineuses dans la prairie ; peut-être même avez-vous fait
la chasse aux *vers luisants*. Ces curieux insectes, que
les poètes ont appelés « les
étoiles de l'herbe », sont lumineux par eux-mêmes, et ils doivent à cette remarquable propriété leur nom de *lampyres*
(du grec *lampo*, je brille), ou de
pyrophores (porte-lumière),
sous lequel ils sont scientifi-
quement connus.

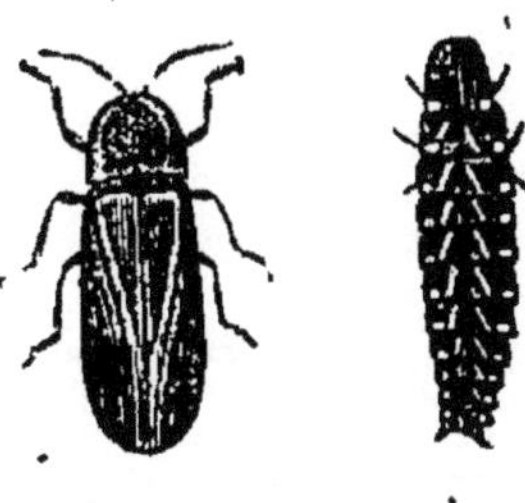

LAMPYRE (VER LUISANT).

Examinons d'un peu près ces porte-lumière : leur
corps et en particulier leur abdomen est mou ; c'est
l'extrémité postérieure de cet abdomen qui est lumineuse ou, comme l'on dit, phosphorescente (de deux
mots grecs, *phos*, lumière, et *fero*, je porte).

Irritez les nerfs de ces lampyres en les aspergeant
d'un alcali, d'un acide, d'alcool, d'éther ou même
d'eau tiède, et vous verrez immédiatement augmenter l'intensité de leur lumière ; au contraire, faites
agir une substance toxique, comme l'acide cyanhy-

drique par exemple, et la phosphorescence disparaîtra. Détachez cette partie brillante de l'abdomen, et vous reconnaîtrez, non sans étonnement, que l'animal continue de vivre, et que la partie détachée conserve pendant un certain temps sa propriété lumineuse. On

CASE DE NÈGRES ÉCLAIRÉE PAR DES PYROPHORES.

a remarqué que la volonté de l'animal influe singulièrement sur le phénomène, puisque le bruit ou le mouvement suffit pour le déterminer à affaiblir sa faculté lumineuse.

C'est à la présence d'une foule innombrable de petits animalcules phosphorescents qui pullulent dans

MER PHOSPHORESCENTE AU CAP

l'Océan, que la mer doit sa phosphorescence. « Il n'est pas de voyageur qui, durant les nuits, n'ait observé ces nappes de lumière jaunes ou verdâtres qui frémissent sur la mer, ces fusées d'éclairs qui jaillissent de la crête des vagues, ces tourbillons d'étincelles que le taille-mer des vaisseaux soulève en plongeant, ces ondes flamboyantes qui glissent des deux côtés du navire, pour s'unir en longs remous derrière le gouvernail et transformer le sillage en un fleuve de feu. Dans le port de la Havane, le moindre objet qui agite la surface de l'eau apparaît soudain comme un trait de flamme et soulève autour de lui toute une série de vaguelettes lumineuses, se propageant en cercles concentriques jusqu'à plusieurs mètres de distance; les embarcations qui voguent sur les eaux, poussées par le mouvement égal des rames, laissent derrière elles la trace d'un immense dragon de feu aux larges pattes étalées. Dans le golfe Persique, nous dit Palgrave, les flots sont tellement lumineux pendant les nuits, que les Arabes attribuent ces reflets aux feux de l'enfer brillant à travers les rochers du fond et à la masse transparente des eaux. La science moderne nous explique autrement le phénomène de la phosphorescence : ainsi que l'ont établi les recherches de Boyle, de Forster, de Tilesius, d'Ehrenberg, cette lumière provient d'innombrables animalcules, les uns vivants, les autres en décomposition. » (ROUSSELET.)

La phosphorescence de la mer n'est pas un phénomène rare sur nos côtes de France, mais elle ne donne qu'une faible idée des magnificences des illuminations de la mer dans les tropiques. Écoutons ce que nous dit M. Poussielgue dans sa charmante relation de voyage en Floride :

MER PHOSPHORESCENTE.

« Quel magnifique spectacle, dit-il, la nature se plaît à nous donner cette nuit, et que les tours de force des Ruggieri sont loin de ces merveilles naturelles ! Chaque vague roule enveloppée dans une lumière blanche, nappe frangée et lumineuse qui s'étend comme une écharpe et ondule avec l'Océan. La goélette est plus noire que le ciel ; nous-mêmes sur le tillac nous ne nous apercevons point à deux pas de distance : nous voguons sur du feu ; chaque lame qui vient frapper la proue rebondit en gerbes étincelantes. Un seau qu'on descend pour puiser de l'eau paraît s'enfoncer dans une fournaise, et nous remonte plein de flammes liquides ; la corde et nos doigts humides sont phosphorescents, comme lorsqu'on a touché des allumettes mouillées. Des troupes de bonites, des requins, qui flairent la tempête et qui chassent dans cette nuit sinistre, tracent des traînées lumineuses dans leur puissant sillage ; on dirait des coins de feu qui se croisent autour du bâtiment ; mais quand un de ces poissons bat l'onde de sa queue, il fait jaillir des gerbes de flammes qui retombent en cascades d'étincelles. Deux ou trois grands souffleurs qui flottent dans notre voisinage, en lançant l'eau par leurs évents, produisent des jets de feu d'un effet admirable. Ce n'est pas tout, voici le bouquet ! A la lumière blanche viennent se joindre les feux de couleur : le feu Saint-Elme d'un violet chatoyant parcourt en frissonnant l'extrémité des mâts et des vergues ; l'électricité des nuages qui nous enveloppent se joue autour de notre paratonnerre, dont la pointe produit l'effet d'une pile de Volta. Puis les mollusques phosphorescents illuminent à leur tour : voici les grandes méduses, les pélagies, qui flottent à la surface de la mer, semblables à des parachutes, ou plutôt aux globes dépolis de vastes lampes ; les mélitées, autres méduses plus petites, dont les bras forment la croix de Malte et reflètent un rouge éclatant ; les ocyroès, acalèphes microscopiques, qui brillent dans chaque goutte d'eau comme une constellation de diamants ; les vélelles au corps comprimé dont la crête jette une douce lumière bleu de ciel ; les béroés, sorte de concombres épineux dont les feux sont d'un vert tendre. Mais ce n'est rien encore : à une certaine profondeur se forment des rosaces, des étoiles, des chaînes, des rubans de flammes d'une merveilleuse régularité, qui ondulent avec les vagues, imitant, dans ce feu d'artifice de la mer, les guirlandes de verre qu'on suspend aux mâts pavoisés de nos fêtes nationales ! »

La laite du hareng, du maquereau, produit aussi la phosphorescence, et, chose singulière, la lumière atteint son plus grand éclat vers la troisième ou quatrième nuit.

Quand on place les poissons lumineux dans le vide, dans certains gaz, tels que l'acide carbonique, l'hydrogène, ou dans l'eau privée d'air, ils cessent de briller. La phosphorescence renaît quand on introduit de l'air dans le milieu où ils sont placés.

Certains végétaux brillent également dans l'obscurité : il n'est pas rare d'apercevoir à la campagne, durant la nuit, des débris d'écorces d'arbres projetant une faible lumière comparable à celle des vers luisants. En général, les matières végétales sont toutes phosphorescentes au moment où elles se putréfient, à la condition qu'elles soient pénétrées d'eau. Certains végétaux vivants, les champignons, les agarics, présentent le même phénomène.

Si nous passons des matières organisées aux corps inorganiques, nous trouvons encore un grand nombre.

de faits du même genre. Tout le monde connaît la faculté lumineuse de ce corps très intéressant qui sert à fabriquer les allumettes et dont le nom, phosphore, veut précisément dire qu'il porte avec lui la lumière.

Tous les corps que nous avons cités jusqu'ici ne possèdent la propriété phosphorescente qu'autant qu'ils sont placés dans l'air. On a cru reconnaître que la lumière qu'ils produisent était due à une action chimique très faible, à une combustion lente. Et l'on sait, par exemple, que le phosphore dégage de la lumière parce qu'il s'oxyde aux dépens de l'oxygène de l'air.

Mais il y a une classe très considérable de corps qui sont phosphorescents tout simplement parce qu'ils ont emmagasiné de la lumière pendant le jour, lumière qu'ils rendent pendant la nuit. Certaines pierres précieuses sont dans ce cas; les anciens l'avaient reconnu. « L'escarboucle, dit-on, avait pour qualité particulière de chasser de l'air les poisons vaporeux et de luire dans les ténèbres. » Le célèbre ciseleur Benvenuto Cellini raconte « qu'il vit une escarboucle blanche comme les rubis blancs, et qui retenait une lumière si agréable et admirable qu'on la voyait briller dans les ténèbres. » Sous ce nom d'escarboucle, qui vient du latin *carbunculus*, petit charbon, et encore sous les noms de *pyrope*, d'*anthrax*, les anciens désignaient certaines pierres rouges que nous appelons aujourd'hui rubis, grenats, et qui brillaient la nuit comme de *petits charbons*. Tous les diamants sont phosphorescents surtout lorsqu'ils ont été frottés ou chauffés; mais, pour constater cette propriété, il faut que l'observateur se soit enfermé pendant quelques instants dans une chambre obscure avant d'examiner la pierre qui vient d'être soustraite à l'action de la lumière.

Vers 1603, un cordonnier de Bologne qui s'occupait non seulement de son art, mais de la recherche de la pierre philosophale, c'est-à-dire des moyens de faire de l'or, trouva par hasard une substance qui restait lumineuse dans l'obscurité. Le cordonnier s'appelait Vinanzo Casciorolo; la substance phosphorescente est connue en chimie sous le nom de sulfure de baryum. Depuis cette époque, on a trouvé un nombre considérable de substances qui ont la propriété d'emmagasiner la lumière et M. Becquerel a montré que presque tous les corps jouissent de cette curieuse faculté. Citons surtout : le sulfure de calcium, connu sous le nom de phosphore de Canton, le sulfure de baryum (phosphore de Bologne), le sulfure de strontium, le sulfure de zinc, le fluorure de calcium, les diamants jaunes.

On écrirait un volume entier sur ce sujet. On montrerait comment les actions mécaniques, la chaleur, l'électricité, excitent la propriété phosphorescente; on indiquerait les temps, variables d'un corps à l'autre, pendant lesquels se maintient la lumière, et par exemple il serait intéressant de savoir que les sulfures de calcium, de strontium, conservent leur propriété lumineuse pendant trente heures et qu'on peut la leur rendre en les chauffant, que le diamant et la chlorophane luisent dans l'obscurité pendant quelques heures..... Nous avons hâte de revenir à ce qui fait l'objet même de notre causerie.

Il y a quelques années, certains industriels vendaient des fleurs lumineuses. Ce que nous avons dit fait aisément comprendre comment on les préparait. Il suffisait de les enduire, au moyen de gomme, d'un sulfure phosphorescent. Ce jouet, qui fut quelque temps à la mode, donna l'idée de construire de petits objets lumineux dans l'obscurité. C'est ainsi qu'on a vu des porte-allumettes, des cadrans d'horloge, etc., rendus phosphorescents.

Ces curieuses applications ne semblaient pas devoir sortir du domaine de la fantaisie ; on nous apprend aujourd'hui qu'une compagnie anglaise poursuit un but des plus importants : l'éclairage intérieur des maisons à l'aide de substances phosphorescentes appliquées à l'aide d'un vernis sur les murs. Si le procédé réussit, nous assisterons à une véritable transformation de nos demeures. Plus de bougies ! Plus de gaz ! Plus d'allumettes ! Du même coup on supprime le plus grand nombre des incendies, les explosions de gaz, les empoisonnements par le phosphore... Les Compagnies d'assurances perdent une bonne moitié de leur clientèle et ne conservent que les assurances sur la vie... La Compagnie des allumettes se meurt, la Compagnie des allumettes est morte... juste au moment où ses produits commençaient à prendre feu. Le budget de nos ménagères est singulièrement allégé de toutes les dépenses d'éclairage, qui n'existent plus.....

Quand bien même ces résultats fantaisistes ne seraient pas obtenus, il est certain que le nouvel éclairage sera sérieusement utile dans un grand nombre de circonstances. On comprend l'intérêt énorme que présenterait, dans certains cas, un pareil éclairage. Nous avons parlé dans un précédent volume[1] des terribles explosions dont les mines de houille sont fréquemment le théâtre ; les gaz délétères qui se dé-

1. *Nos vraies conquêtes*, page 148.

DOUÉE LUMINEUSE.

gagent à certains moments, enflammés par la lampe des mineurs, produisent ces terribles détonations connues sous le nom de feu grisou. Puisque, malgré les lampes perfectionnées mises entre les mains des ouvriers, ces épouvantables-accidents continuent à décimer les mineurs, ne pourrait-on pas, tout en ventilant la mine, ce que nous considérons comme absolument nécessaire, peindre les parois avec un vernis contenant, par exemple, du sulfure de baryum? Je sais bien que la propriété phosphorescente n'a pas une durée illimitée et qu'il convient de temps à autre de replacer le sulfure au grand jour; il semble donc que, dans l'intérieur d'une mine, à l'abri de la lumière, le sulfure de baryum ne pourra être utilisé que pendant un temps très court. Hâtons-nous d'ajouter que la lumière du soleil n'est pas seule susceptible d'être emmagasinée par les corps phosphorescents. On pourra, à intervalles déterminés, lancer dans la galerie de mine un arc électrique qui communiquera aux parois une somme suffisante de lumière.

L'éclairage par la phosphorescence pourra être encore utilisé dans les magasins où l'on conserve de la poudre, des matières explosibles, etc.

Parmi les applications déjà réalisées en Angleterre, nous signalerons les bouées lumineuses, qui avertiront la nuit les navigateurs de la présence des obstacles sous-marins. J'ai précisément sous les yeux un rapport présenté à la Société des Arts de Londres. L'orateur, M. Heaton, annonce qu'il a assisté à des expériences faites à Erith et qu'il a constaté qu'une bouée, recouverte de peinture phosphorescente, lancée à neuf heures du soir à la mer, était parfaitement visible à une distance de 90 mètres. La lumière ainsi aperçue pendant la nuit n'est pas blanche; les diffé-

rents corps phosphorescents donnent des clartés de
couleur variable; le même corps peut, suivant la manière dont il est préparé, donner une coloration verte
ou rose.

Les Anglais, que nous félicitons non sans raison
d'être des gens pratiques, escomptent déjà le succès
des expériences que nous venons de signaler. On
parle d'annonces, de pancartes lumineuses qui seront
portées la nuit à dos d'homme dans les rues de Londres, ainsi que cela a déjà lieu durant le jour. On
essaye enfin l'éclairage intérieur des maisons; mais,
pour cette dernière application, nous croyons prudent
d'attendre, avant de nous prononcer, que l'expérience
ait été sérieusement faite. D'ailleurs MM. Ihlee et
Horne, 31, Aldermanbury, à Londres, envoient gratuitement à tous ceux qui s'adressent à eux des
échantillons de papiers, d'étoffes, de boiseries lumineuses.

Si le gaz et la lumière électrique n'ont rien à redouter du rival dont nous signalons aujourd'hui l'exis-
tence, il n'en est pas moins vrai que l'éclairage par
la phosphorescence pourra peut-être rendre dans un
grand nombre de cas de très intéressants et très
utiles services.

L'AUDIPHONE

On sait que les sourds-muets ne sont muets que parce qu'ils sont sourds; n'ayant jamais entendu de sons, ils ne peuvent pas les reproduire, bien que leurs cordes vocales soient en parfait état.

Dans le cas où la surdité est due à une mauvaise conformation des organes extérieurs de l'oreille et non à des lésions internes, il est possible de rendre l'ouïe et par suite la parole à ces malheureux.

Tout le monde sait que les parties extérieures de l'oreille jouent un rôle important dans l'acte de l'audition : elles agissent à la manière des porte-voix, concentrent les sons et les renvoient à l'intérieur de l'oreille; elles ont une utilité incontestable, sans être toutefois indispensables.

Le son peut être transmis à ce qu'on nomme l'oreille interne sans passer par l'oreille. Suspendez un timbre à l'extrémité d'un fil tenu entre les dents, vous entendrez nettement les vibrations du timbre transmises par le fil, les dents et les os de la mâchoire, quand bien même vous auriez bouché vos oreilles avec du coton. Cela est si vrai, que certains animaux sont impressionnables au son sans posséder pour cela ni oreille externe, ni oreille moyenne, ni même de vestibule ou de limaçon. Et par exemple, on ne connaît pas d'organe de l'ouïe chez les insectes, bien que ces animaux produisent des sons à l'aide desquels ils s'appellent à distance.

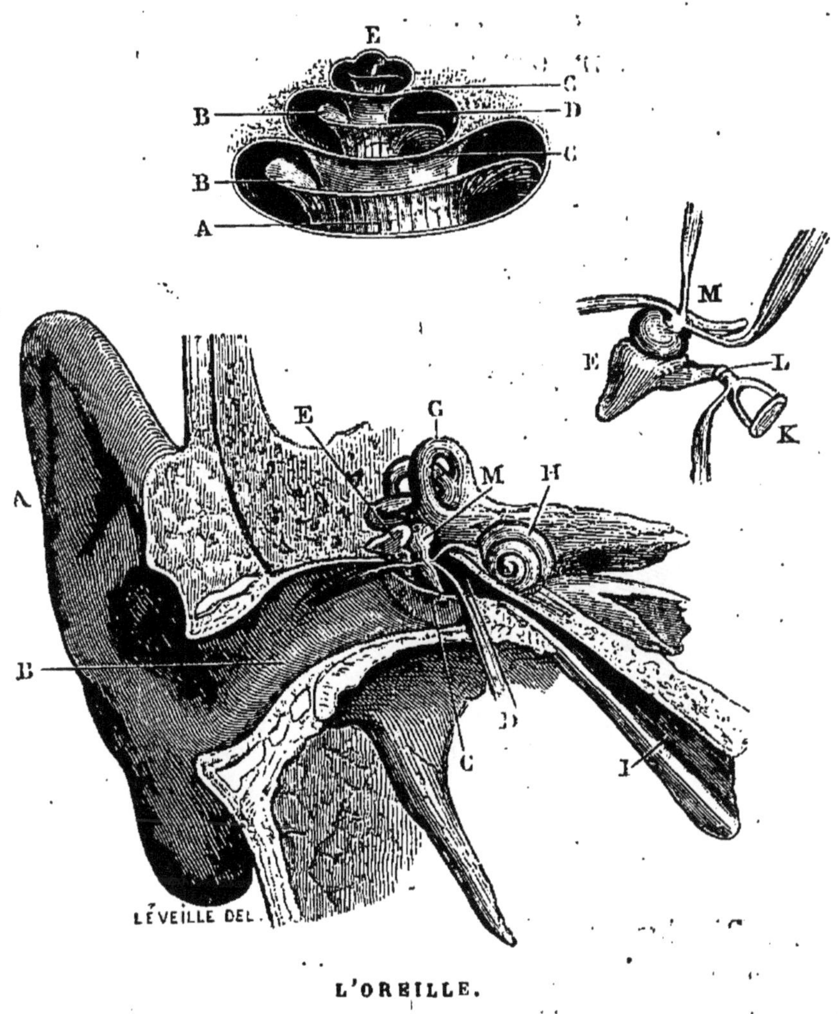

L'OREILLE.

Le célèbre docteur Broussais racontait qu'un Espagnol, d'ailleurs complètement sourd, entendait les sons d'une guitare en mettant entre ses dents le manche de l'instrument.

Prenez une montre dont le tic-tac soit très faible;

placez-la sur votre tête et vous percevrez le bruit,
exactement comme si vous l'aviez approchée de
l'oreille.

Ainsi, des conducteurs solides tels que ·les os
peuvent transmettre les sons à l'oreille interne. En
s'appuyant sur ces observations, un Américain,

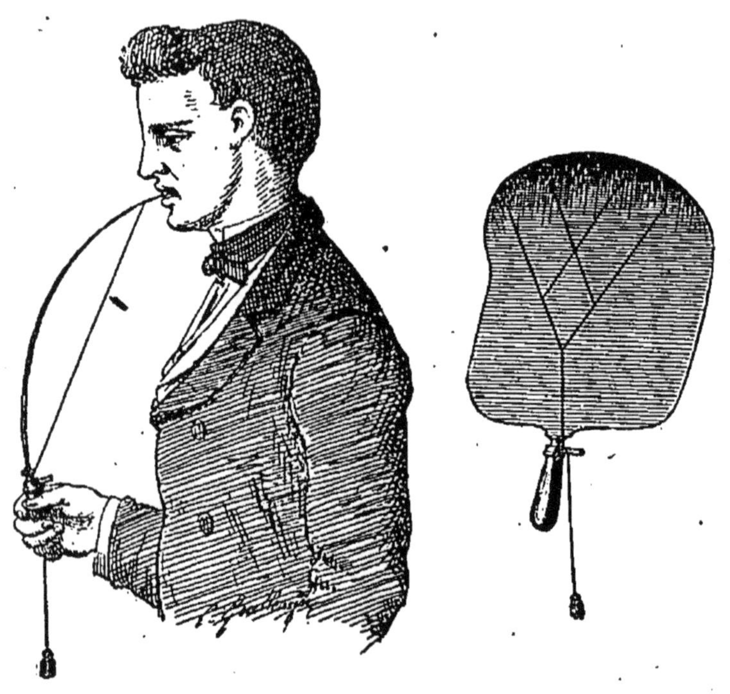

AUDIPHONE DE M. RHODES.

M. Rhodes, imagina un appareil qu'il appela *audiphone* (de deux mots étrangers dont l'un en latin
signifie *entendre* et dont l'autre, en grec, signifie
voix), permettant à certains sourds-muets de recou-
vrer l'ouïe. Cet appareil se compose d'un écran en
caoutchouc durci tenu à la main par un manche en
bois et dont la lame est fixée entre les dents. Les sons
prononcés à voix basse auprès de cet instrument sont

nettement perçus par celui qui écoute. Un professeur
de Genève, M. Colladon, a simplifié l'audiphone
américain. Voici comment il rend compte de ses expériences :

« J'ai fait, dit-il, de très nombreux essais sur des
lames minces de natures diverses, métaux, bois, etc. ;
enfin, j'ai découvert une variété de carton mince
laminé qui donne les mêmes résultats que le caout-

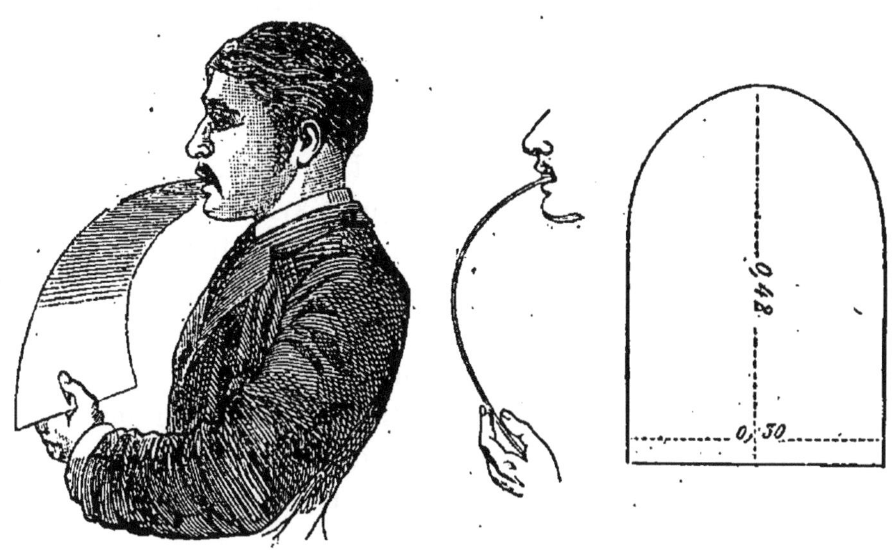

AUDIPHONE DE M. COLLADON

chouc durci et qui permettrait d'obtenir à cinquante
centimes environ, au lieu de cinquante francs, des
appareils de même puissance acoustique. Les cartons
qui m'ont donné ces résultats favorables portent dans
le commerce le nom de cartons à satiner ou cartons
d'orties ; ils sont remarquablement compacts, homo-
gènes, élastiques et tenaces ; ils sont aussi très
souples, et, pourvu que leur épaisseur ne dépasse
pas un millimètre, une légère pression de la main qui

soutient un disque de ce carton, tandis que son extrémité convexe s'arc-boute contre les dents de la mâchoire supérieure, suffit pour lui donner une courbure convenable, variable à volonté, sans fatigue pour la main ou pour les dents... » Ainsi un simple disque de ce carton, sans manche, sans cordons, devient un audiphone tout aussi puissant que les appareils de caoutchouc de l'inventeur américain. On peut rendre la feuille de carton imperméable en imbibant la partie convexe, celle qui appuie contre les dents, d'un enduit hydrofuge qui résiste à la vapeur de l'haleine.

« Grâce à cet audiphone, nous dit M. Colladon, un grand nombre de sourds-muets, qui n'avaient jamais entendu les sons d'un piano ou d'un autre instrument, ont éprouvé une véritable jouissance à l'audition d'airs, de morceaux joués ainsi et entendus par eux. On a pu constater que des paroles prononcées très près de l'audiphone peuvent être perçues par les sourds-muets et même répétées distinctement par eux, pourvu qu'on les ait soumis à une préparation préalable. »

LE GILET DE SAUVETAGE

Si vous parcouriez la liste des appareils de sauvetage pour lesquels on prend chaque année, rien que dans notre pays, un brevet d'invention, il vous semblerait bien difficile de comprendre comment les sinistres peuvent encore se produire. Tous les cas semblent avoir été prévus. Tel inventeur s'est particulièrement occupé des accidents qui surviennent en mer et il affirme que, grâce à son appareil, non seulement il est impossible de se noyer, mais qu'on peut séjourner *sur l'eau* pendant un temps très long et attendre patiemment les secours. Tel autre a imaginé un appareil qui met à l'abri des explosions les ouvriers qui travaillent dans les mines. Un troisième rend les vêtements incombustibles, ce qui vous permet de traverser les flammes sans le moindre danger.

Je reçus la visite, il y a quelques années, d'un pauvre diable qui m'avait demandé un rendez-vous. Au jour dit, il vint me trouver, dans quel état, hélas! Au dehors il pleuvait à verse, et notre homme, ayant fait l'économie d'un véhicule, était littéralement trempé jusqu'aux os. — Monsieur, me dit-il, tandis que j'examinais ses vêtements *traversés par la pluie*, je suis l'inventeur d'un procédé économique qui rend les tissus imperméables! Je partis d'un fou rire, qui ne s'arrêta même pas après le départ de mon visiteur.

Il y a quelques années, je visitais au Havre un des magnifiques navires de la Compagnie transatlantique. Le capitaine voulut bien me faire les honneurs de son bateau. Après avoir admiré la propreté des salles et des cabines, l'élégance des cuisines, j'examinai les appareils de sauvetage mis à la disposition des passagers. Je vis les canots dans lesquels, à la moindre alerte, on peut embarquer l'équipage, les bouées auxquelles il est facile de s'accrocher, les ceintures qui permettent aux naufragés de surnager et d'attendre du secours.

Le capitaine m'expliqua comment les cloisons qui ferment la cale, étant parfaitement étanches, on pouvait avec la plus grande facilité boucher les trous qui se produiraient accidentellement et empêcher le navire de sombrer. Tout était disposé dans l'ordre le plus parfait; l'esprit le plus timoré se serait hasardé sans crainte sur un bateau si bien protégé... Deux mois après, le navire sombrait, engloutissant l'équipage et les passagers; on n'avait eu le temps ni de mettre les canots de sauvetage à la mer, ni de revêtir les passagers de la fameuse ceinture protectrice!

Il est bien certain que tous les appareils de sauvetage sont en général excellents : la seule difficulté consiste à s'en servir en temps utile. Nous sommes tous ainsi faits, que l'habitude du danger nous rend insouciants; nous négligeons de prendre les précautions les plus élémentaires jusqu'au jour où un sinistre se produit. On a beaucoup ri de ce maire de campagne qui avait pris l'arrêté suivant: « La pompe de secours sera nettoyée la veille de chaque incendie! » L'avis était bon et ressemblait à ce conseil bien connu : « Mettez-vous en paix avec votre conscience la veille de votre mort. » Cela ne veut-il pas dire, d'une part, que la pompe devait toujours être en état de fonctionner et, en ce qui concerne les hommes, qu'ils doivent à chaque instant être préparés à la mort ?

Les inventeurs se heurtent toujours au même obstacle : l'imprévoyance, l'indifférence des individus. Si les voyageurs qui traversent l'Océan portaient toujours sur eux un appareil de sauvetage, le nombre des accidents serait singulièrement réduit ; si les mineurs étaient toujours munis d'une lampe de sûreté, les explosions de grisou seraient moins fréquentes.

Un Anglais vient d'imaginer un singulier appareil de sauvetage, qui présente ce caractère original de fonctionner de lui-même sans rien demander à la prudence de l'individu.

Pourquoi, lorsqu'on tombe à l'eau, ne surnage-t-on pas ? C'est que le poids de notre corps est un peu plus lourd que le poids d'un même volume d'eau. Il y a bien longtemps que l'illustre physicien Archimède a donné les lois de l'équilibre des corps flottants.

Si nous pouvions augmenter le volume de notre corps sans modifier sensiblement son poids, nous arriverions à nous soutenir sans effort sur l'eau : c'est le résultat que les nageurs novices obtiennent en se passant autour du corps une ceinture gonflée d'air. Cette ceinture est d'ailleurs incommode et personne ne consentirait à la revêtir d'une manière permanente, étant données les faibles chances d'un accident en bateau.

L'inventeur anglais dont nous voulons parler a imaginé de placer dans la doublure de nos gilets une substance peu pesante, qui ne gêne en rien nos mouvements et qui, à l'heure du danger, dans le cas d'une chute dans l'eau, nous empêche de nous noyer. Voici quelques-unes des expériences qui ont été faites à Sheffield, en Angleterre.

« Deux petites pièces de toile dans les plis desquelles avait été placée la préparation, ont été jetées dans l'eau. La toile s'est gonflée immédiatement et a formé une sorte de coussin en miniature qui s'est mis à flotter dans le bain. Un homme s'est vêtu d'un habit contenant la même préparation, et on l'a soumis d'abord à un bain de pluie pour montrer que le gonflement de l'habit ne se produit pas par l'effet ordinaire de la pluie. Notre homme s'est jeté à l'eau et reparut presque immédiatement à la surface; son habit s'était promptement gonflé. L'inventeur assure que son appareil peut soutenir une personne pendant 40 à 50 heures. Dans le cas où la personne perdrait connaissance, l'appareil placé au dos et sur les côtés de la poitrine formerait une sorte d'oreiller sur lequel il poserait sa tête. »

Bien que le sujet soit très sérieux, il ne manquera pas d'exercer la verve railleuse des vaudevillistes. Déjà on a pu lire, il y a quelque temps, l'histoire invraisemblable de cet individu qui, désespéré, s'était jeté à l'eau, afin dé trouver la mort. Malheureusement ou plutôt heureusement il avait dans sa poche un petit sac contenant la fameuse préparation en question. La poche gonfla, gonfla, et jamais notre individu ne parvint à descendre au fond du fleuve.

Nous n'avons plus qu'à indiquer le secret de cette curieuse préparation : il est des plus simples.

Vous connaissez tous l'eau de Seltz, ainsi appelée parce qu'elle imite une eau naturelle très chargée de gaz acide carbonique et qu'on trouve près de la ville de Seltz. Chacun peut la faire facilement, en achetant des paquets tout préparés chez les épiciers. Ces paquets contiennent un mélange de deux poudres blanches qu'on appelle de l'acide tartrique et du bicarbonate de soude. Quand ce mélange est placé dans l'eau, il y a décomposition du bicarbonate par l'acide. Celui-ci s'unit à la soude, tandis que l'acide carbonique se dégage. Comme le gaz ne peut s'échapper au dehors, il exerce sur l'eau une forte pression et se dissout en grande proportion.

La préparation du gilet de sauvetage se compose d'acide tartrique et de bicarbonate de soude. Au contact de l'eau, l'acide carbonique se dégage et gonfle le gilet.

Il est bien entendu que ce fameux gilet sera cousu avec soin, de manière à ne pas laisser échapper le gaz et à permettre seulement l'entrée de la quantité d'eau nécessaire pour opérer la décomposition des sels.

J'ai à peine besoin d'ajouter qu'il ne faudra pas, par excès de précaution, augmenter indéfiniment le poids des substances préservatrices. Le dégagement d'acide carbonique, s'il était trop considérable, produirait un excès de pression qui pourrait fort bien déchirer l'enveloppe qui retient le gaz.

UN NOUVEAU LIQUIDE INFLAMMABLE

Les différents liquides qui servent à l'éclairage, les huiles, les essences, sont des composés de charbon et d'hydrogène. En brûlant à l'air, ces liquides dégagent de l'acide carbonique (combinaison du charbon avec l'oxygène de l'air) et de la vapeur d'eau (combinaison de l'hydrogène également avec l'oxygène de l'air).

Ces liquides combustibles donnent des flammes plus ou moins éclairantes et sont utilisés dans l'industrie et dans nos maisons. Malheureusement la plupart d'entre eux, les essences minérales par exemple, sont d'un transport difficile et d'un maniement dangereux : ils répandent une vapeur très inflammable et brûlent les matières sur lesquelles ils sont renversés.

Un physicien hongrois, M. Kordig, vient de découvrir une essence des plus curieuses, composée comme toutes les autres de carbone et d'hydrogène, mais dont les propriétés sont vraiment étonnantes.

Prenez un mouchoir, imbibez-le de cette essence, puis mettez le feu ; quand toute l'essence aura fini de brûler, vous retrouverez votre mouchoir absolument intact : aucun fil, aucune frange n'aura été atteinte par le feu.

Versez ce liquide sur du papier, sur des copeaux de bois, et enflammez-le. Le papier, le bois, ne se seront pas échauffés.

M. Kordig prend un flacon d'essence et le répand sur son chapeau; il l'allume. « Une grande flamme en jaillit, s'élève jusqu'au plafond. Il met le chapeau sur sa tête et le laisse jusqu'à ce que le feu soit éteint. Le chapeau n'a nullement souffert: pas une soie n'en est roussie. »

Versez cette essence dans votre main et enflammez-la, vous ne sentirez pas la moindre trace de brûlure. Voici une expérience curieuse : trempez votre doigt dans l'essence et mettez-y le feu ; vous pourrez avec ce flambeau d'un nouveau genre allumer votre lampe, vos bougies, le feu de votre cheminée, sans ressentir la moindre brûlure.

La nouvelle essence, qui a une odeur de pétrole, serait, d'après M. Kordig, un mélange d'huile de naphte et d'éther. Le naphte est du pétrole débarrassé des matières étrangères qui le souillent et le colorent en brun rougeâtre. J'ajouterai que cette nouvelle essence a un très grand pouvoir éclairant.

Les curieuses expériences que je viens de signaler s'expliquent facilement en remarquant que cette essence bout à une température très basse : 35 degrés; elle émet des vapeurs à la température ordinaire et, quand on l'enflamme, *ce n'est pas le liquide qui brûle*, mais la vapeur qui surmonte le liquide. Or cette vapeur ne touche pas les substances arrosées d'essence.

Il est bien certain qu'un pareil combustible rendra d'immenses services pour les besoins de la vie domestique : il donne une belle flamme et n'expose pas à l'explosion et à l'incendie. Que peut-on lui demander de plus? D'être à bas prix. Sur ce point nous n'avons pas encore de données précises; mais, en admettant même que le nouveau combustible soit encore aujourd'hui d'un prix élevé, il est facile de comprendre que ce prix diminuerait sensiblement à mesure que l'industrie en ferait un usage de plus en plus grand.

Vraisemblablement, la nouvelle essence fera bientôt son apparition sur nos théâtres de féerie ou de drame. Représentez-vous la victime couverte de flammes ! quels cris de terreur dans l'assistance !! et quel étonnement de la voir sourire au milieu du foyer embrasé !! On peut aisément imaginer tout ce que la nouvelle découverte fournira d'incidents à l'esprit inventif de nos littérateurs.

LA FALSIFICATION DES CHÈQUES

Ce n'est que depuis l'année 1822 que le commerce anglais emploie, sous le nom de *chèque* (de l'anglais *to check*, vérifier), un véritable papier-monnaie qui facilite singulièrement les échanges.

Un chèque, c'est « un écrit qui, sous la forme d'un mandat de payement, sert au *tireur* à effectuer le retrait, à son profit ou au profit d'un tiers, de tout ou partie de fonds portés au crédit de son compte chez le *tiré* et disponibles. »

J'ai placé 10 000 francs dans une maison de banque; cette maison me donne un carnet composé de feuilles que je puis détacher, et sur lesquelles je puis inscrire telle somme qu'il me plaît, à condition bien entendu que je ne dépasserai pas la somme appelée *provision*, dont je suis créancier à la banque.

Quand je dois payer mille francs à un tiers, au lieu de lui remettre la somme en espèces, je détache un feuillet sur lequel j'inscris mon nom, la date du jour et le montant de la somme, et je remets cette feuille en payement. Je suis le *tireur* et la maison de banque est le *tiré*.

Ce chèque, comme les effets de commerce, peut être transmis d'une personne à une autre, au moyen d'une signature sur le dos de la feuille, un *endos*, comme l'on dit. Ajoutons que le porteur du chèque doit en réclamer le payement dans le délai de cinq jours, si le chèque est tiré de la ville même (de la place, comme l'on dit) sur laquelle il est payable, et dans le délai de huit jours, y compris le jour de la date, s'il est tiré sur un autre lieu.

Je ne veux point entrer dans de plus grands détails sur l'usage des chèques, qui a pris en Angleterre la plus grande extension, une extension si grande, que de tous côtés les malfaiteurs ont essayé de les falsifier. Rien de plus simple d'ailleurs : les faussaires se contentaient de prendre un chèque véritable, d'effacer avec un acide le chiffre inscrit à l'encre, et de lui substituer un chiffre plus considérable, après s'être assurés toutefois que le montant de la provision existant à la maison de banque n'était pas dépassé.

Ces tentatives criminelles sont devenues si nombreuses, qu'on a dû chercher les moyens de les prévenir. Voici ce que les chimistes anglais ont imaginé :

Dans les laboratoires de chimie, on se sert à chaque instant d'un papier coloré avec de la teinture de tournesol, afin de reconnaître si une liqueur est acide ou basique ; on définit même les deux expressions dont nous venons de nous servir en disant : une liqueur *acide* est celle qui rougit un papier coloré en bleu par de la teinture de tournesol ; une liqueur *basique* est celle qui ramène au bleu le papier de tournesol rougi par un acide.

Les banquiers anglais se servent pour les chèques de papiers bleuis avec la teinture de tournesol, et sur lesquels on a tracé des dessins avec un acide. Ces dessins paraissent donc en rouge sur un fond bleu.

Si un faussaire veut faire disparaître l'encre, il doit se servir d'un acide, et par conséquent rougir le fond bleu du dessin ; s'il veut ensuite rétablir la couleur bleue du papier en le trempant dans un liquide basique, il bleuit en même temps les dessins tracés en rouge sur le papier. La supercherie se découvrirait donc aisément.

La plus élémentaire des réactions de la chimie est donc venue fort heureusement rassurer les intérêts des banquiers d'outre-Manche.

LE POLY-AUTOGRAPHE

Tous les commerçants, tous les industriels, ont
besoin de garder une copie des lettres qu'ils envoient
à leurs clients. Ils se servent à cet effet de différentes
presses à copier que tout le monde connaît, bien
qu'on ignore, en général, qu'elles ont été inventées
par l'illustre physicien James Watt. Voici dans
quelles circonstances :

Watt avait fondé, avec plusieurs savants les plus
distingués de l'Angleterre, une société qui portait le
nom de *Société lunaire*. Ce nom bizarre rappelait que
les réunions avaient lieu le jour de la pleine lune,
par la raison bien simple que, les rues n'étant pas
alors éclairées, la lumière de la lune permettait
aux savants de rentrer le soir sans danger chez eux.
Dans ces séances, il était naturellement question de
tous les problèmes scientifiques dont les différents
membres s'occupaient.

Un jour, l'un d'eux raconta qu'il avait imaginé
une plume à deux becs à l'aide de laquelle on pouvait écrire chaque chose deux fois et, par exemple,
obtenir l'original et la copie d'une lettre.

« J'espère trouver une meilleure solution du problème, repartit Watt presque aussitôt; je mûrirai
mes idées ce soir et je vous les communiquerai demain. »

Le lendemain la presse à copier était inventée.

Les presses à copier ordinaires ne permettent d'obtenir qu'un très petit nombre d'épreuves. On a cherché dans ces derniers temps le moyen de reproduire à un grand nombre d'exemplaires une page d'écriture, un dessin, une carte. Nous avons décrit, dans un précédent volume [1] la plume imaginée par le célèbre physicien Edison. Cette plume serait parfaite, et le problème pourrait être considéré comme résolu, n'était l'obligation dans laquelle on se trouve d'avoir à sa disposition une petite pile électrique. D'ailleurs le porte-plume Edison n'est pas d'un maniement très commode.

On emploie beaucoup, depuis quelque temps, un système particulier appelé poly-autographe, qui, son nom l'indique, reproduit à un grand nombre d'exemplaires une page de votre écriture.

La manière d'opérer est d'ailleurs très simple. On achète ou l'on fait soi-même une pâte gélatineuse que l'on coule dans un cadre de fer-blanc ou dans une cuvette de porcelaine.

Écrivez sur une feuille de papier *quelconque*, avec une plume *quelconque*, mais avec une encre spéciale, la page que vous voulez reproduire.

Quand votre page est bien sèche, vous l'appliquez pendant quelques minutes (du côté de l'encre, bien entendu) sur la pâte de gélatine. L'encre s'est fixée dans la pâte, et si vous appliquez maintenant une, deux,... dix,... cent feuilles blanches sur cette pâte, vous obtenez le même nombre d'exemplaires de votre autographe.

L'opération étant terminée, il suffira de passer sur

---

1. *Curiosités scientifiques*, page 97.

la gélatine une éponge légèrement imbibée d'eau, puis de chauffer la pâte jusqu'à ce qu'elle fonde, ce qui arrive à la température de 60° centigrades.

On peut alors recommencer une nouvelle opération avec une seconde page d'écriture, tirer cent exemplaires de la nouvelle feuille, laver, puis fondre la gélatine. Sans doute la même pâte ne pourra pas servir indéfiniment, mais on obtient aisément cent exemplaires de cent pages différentes, ce qui donne dix mille épreuves.

On trouve dans le commerce des pâtes toutes faites. Voici comment nos lecteurs pourront la préparer.

On fait bouillir ensemble 50 grammes de gélatine blanche en feuilles et 120 grammes d'eau. Quand le liquide est arrivé à l'ébullition, on verse dans le mélange 200 grammes de glycérine ordinaire et 30 grammes de craie (carbonate de chaux) ou de sulfate de baryte. La pâte liquide est coulée dans une cuvette de porcelaine, pareille à celles dont on se sert en photographie.

La matière se prend en masse, et, quand elle est refroidie, on peut commencer l'impression.

J'ai dit qu'il fallait se servir d'une encre spéciale; c'est en effet avec de l'encre d'aniline qu'on doit tracer la page à reproduire; cette liqueur se trouve facilement et à bas prix dans le commerce.

PLUS DE PATÉS !

Si l'on en croit un journal américain, une ère nouvelle va s'ouvrir pour nos écoliers. Leurs livres, leurs cahiers, seront désormais d'une blancheur immaculée ; sur aucun d'eux n'apparaîtra la hideuse tache d'encre jetée par la fatalité au meilleur endroit de la page, et qui attirait d'une façon si fâcheuse l'attention du professeur. J'ai dit « la fatalité » et je ne retire pas le mot. L'avez-vous remarqué ? C'est au moment précis où, après avoir laborieusement et soigneusement terminé votre copie, vous attendiez les compliments et les récompenses de votre professeur, c'est quand la page est finie, quand les caractères symétriquement alignés donnent à votre œuvre un air de régularité qui flatte votre petite vanité, c'est à ce moment psychologique que la goutte d'encre, venue on ne sait d'où, s'abat sur votre page. Vite, le buvard ! la gomme ! le canif ! On a beau faire, une tache ronde persiste et témoigne de votre manque de soin. Soyez encore heureux de n'avoir pas poussé trop loin votre œuvre de réparation, car le perfide grattoir ou la gomme fatale n'aurait pas manqué, en supprimant il est vrai la tache, de la remplacer par un horrible trou !

Non seulement cette encre peu sympathique salit

vos cahiers et vos livres, mais elle ne respecte ni vos mains ni les effets neufs que vous venez d'endosser. N'est-il pas vrai, mademoiselle, qu'il suffisait que votre mère vous eût ornée le matin d'un beau tablier blanc ou d'une robe claire, pour que ce jour-là la plume vous ait échappé des mains ou que l'écritoire se soit renversée *toute seule* sur vous !

Toutes ces petites misères de la vie d'écolier vont disparaître. Déjà on avait imaginé des encriers qui ne culbutaient pas, des plumes qui ne crachaient pas l'encre, on avait même songé au petit appareil que nous allons décrire, mais sa mauvaise construction l'avait fait abandonner. Il paraît qu'avec la nouvelle plume Mac-Kinnon la sécurité est complète. « Le manche du porte-plume est un tube rempli d'encre. La pointe qui sert à écrire est conique et se termine par un tube en *iridium;* l'encre s'écoule à la plus légère pression contre le papier, et l'appareil est construit de façon que cet écoulement cesse immédiatement dès que la pression de la main a disparu. » Quand j'aurai ajouté que l'iridium est un métal excessivement dur, découvert au commencement de ce siècle ; que l'encre, enfermée dans une gaine étanche, ne peut ni épaissir, ni se dessécher ; que l'on peut écrire une centaine de pages sans renouveler sa provision de liquide, j'aurai suffisamment fait connaître les avantages de la plume nouvelle.

Cette heureuse découverte me paraissait devoir réjouir également les élèves, les maîtres et les familles. Je félicitais donc à ce sujet un mien parent, diablotin à la mine très éveillée, auquel les nombreux pâtés qui émaillaient ses dictées avaient valu tant de pensums ! Le croiriez-vous ? il était tout triste. « Plus de consigne, lui dis-je, pour la mauvaise tenue de tes

cahiers; plus de récits de Théramène à copier et à re-
copier cent fois; n'es-tu pas satisfait ?— Hélas! non,
me répondit-il, car je perds du même coup mon prix
en orthographe. » Comme ma figure exprimait le plus
vif étonnement, il reprit : « Quand un mot de la
dictée m'embarrassait, vite je le couvrais d'un pâté;
j'étais consigné, sans doute, mais on ne comptait pas
la faute! »

LE CÂBLE SOUTERRAIN

Notre réseau télégraphique est sur le point d'être complètement modifié ; les lignes aériennes seront prochainement remplacées par des lignes souterraines. On va comprendre l'utilité d'une pareille transformation. A chaque instant nos fils télégraphiques ont besoin d'être réparés : le vent, le tonnerre, la malveillance quelquefois, détruisent le poteau ou le fil ; durant la dernière guerre, nous n'avons que trop constaté combien il était facile à l'ennemi de rompre les communications télégraphiques ; enfin, durant le rude hiver de 1879-1880, les neiges ont pendant plusieurs jours isolé complètement Paris de la province ; les dépêches n'étaient plus transmises.

Tous ces inconvénients des lignes aériennes avaient frappé depuis longtemps les ingénieurs ; en Allemagne, après des tâtonnements nombreux, on s'est mis à construire des câbles souterrains. C'est un travail analogue qui vient d'être entrepris en France. La première ligne souterraine a été établie entre Paris et Soissons. On a ouvert une tranchée entre ces deux villes et, au fond de la tranchée, à une distance suffisante du sol, on a déposé des tuyaux de fonte à l'intérieur desquels se trouve le câble. Les cylindres de fonte sont réunis entre eux par des bagues de plomb.

L'un des orifices du tuyau étant fermé, on s'assure qu'il n'y a pas de pertes à la jonction, en comprimant de l'air à l'intérieur du cylindre : cet air ne doit pas s'échapper. La même opération est recommencée après chaque soudure des bagues de plomb.

Le câble, qui comprend trois fils de cuivre isolés par la gutta-percha, est placé par petits bouts dans l'intérieur du canal de fonte et les fils de cuivre correspondants dans chaque partie du câble sont soudés l'un à l'autre.

Bien que ces câbles doivent être désormais à l'abri de l'intempérie des saisons et de la malveillance, il est bien évident qu'il pourra se produire accidentellement des ruptures, et il faut-avouer que, dans ce cas, la recherche de l'endroit brisé sera singulièrement plus difficile qu'autrefois. Pour un fil aérien, une promenade de quelques heures pouvait suffire ; la réparation se faisait presque immédiatement sur place. On conçoit que cette opération est bien plus malaisée quand il faut creuser une tranchée, ouvrir les tuyaux de fonte et examiner le câble. Hâtons-nous de dire que le champ des recherches est singulièrement diminué au moyen de l'expérience suivante. A la tête de ligne, on enverra un courant dans le fil, puis, la pile électrique étant retirée, on mettra ce fil en communication avec un appareil nommé *galvanomètre*, qui permet de mesurer la quantité d'électricité recueillie dans le câble. Or cette quantité est proportionnelle à la longueur du câble. Quand celui-ci est entier, l'aiguille du galvanomètre se déplace d'un certain nombre de degrés, de 160 degrés, je suppose. Dès qu'on sera averti d'une rupture du câble par la faiblesse du courant qu'il transmet, on recommencera l'opération, et, si l'aiguille du galvanomètre ne se déplace plus que de 70 degrés, on en conclura la longueur du câble qui fonctionne. C'est à cette distance un peu approximative qu'on devra se transporter, et c'est relativement sur une faible longueur qu'on devra ouvrir la tranchée.

Un câble souterrain, établi comme nous venons de l'indiquer, peut présenter encore un assez sérieux inconvénient. Quand deux fils électriques sont très voisins, tout courant qui passe dans l'un d'eux détermine dans l'autre un courant; cet effet se produit au moment où le premier courant passe et au moment où il est interrompu. Quand les fils sont placés à l'air, on peut les éloigner suffisamment pour éviter la formation de ces courants irréguliers; dans l'intérieur d'un tube de fonte, on est obligé, pour ne pas exagérer ses dimensions, de rapprocher les fils. Des courants irréguliers pourront donc se produire, et les ingénieurs étudient en ce moment les moyens de les éviter.

Il ne faut pas, en effet, qu'une dépêche adressée à Lyon vienne influencer toutes les stations situées sur le parcours.

Au moment même où nous écrivons, des essais sont tentés dans le but d'éviter les courants irréguliers; on cherche à recouvrir les fils métalliques d'enduits suffisamment isolants. Les premiers résultats obtenus permettent d'espérer que le problème ne tardera pas à être résolu.

LES PLUIES D'INSECTES

En juin 1879, une véritable pluie de papillons s'abattit sur Paris. Ces insectes appartenaient à la famille des *Belles dames* ou *Vanesses*.

Cette pluie d'insectes tomba non seulement à Paris, mais dans un grand nombre de villes de France, en Suisse, en Espagne. A l'observatoire du Puy de Dôme, on constata que les papillons marchaient par groupes de 2, 3, 4, 5 ou 6. « La largeur de la colonne qu'ils formaient dans leur ensemble, à la hauteur de Clermont, avait au moins 8 kilomètres ; mais il est probable qu'elle avait une dimension beaucoup plus grande. En se basant sur des chiffres moyens, le nombre des papillons serait de trois millions. »

Ces insectes étaient d'ailleurs parfaitement inoffensifs. On sait qu'il n'en est pas toujours ainsi et, pour n'en citer qu'un exemple, on se rappelle que de véritables pluies de sauterelles viennent trop fréquemment dévaster notre colonie algérienne. « Les sauterelles arrivent, soutenues par les vents, s'abattent, et changent en désert la contrée la plus fertile. Vues de loin, leurs bandes innombrables ont l'aspect de nuages orageux. Ces nuées sinistres cachent le soleil. Aussi haut et aussi loin que les yeux peuvent porter, le ciel est noir et le sol inondé de ces insectes. Le bruissement de ces millions d'ailes est comparable au bruit d'une cataracte. Quand l'horrible armée se laisse tomber à terre, les branches des arbres cassent. En quelques heures, et sur une étendue de plusieurs lieues, toute végétation a disparu. Les blés sont rongés jusqu'à la racine, les arbres dépouillés de leurs feuilles. Tout a été détruit, scié, haché, dévoré. Quand il ne reste plus rien, le terrible essaim s'enlève, comme à un signal donné, et repart, laissant derrière lui le désespoir et la famine. »

L'historien Mézeray rapporte qu'au mois de janvier 1613, sous Louis XIII, les sauterelles firent invasion dans la campagne d'Arles. En sept ou huit heures, les blés et les fourrages furent dévorés jusqu'à la racine, sur une étendue de pays de 1500 arpents. Elles passèrent ensuite le Rhône, vinrent à Tarascon et à Beaucaire, où elles mangèrent les plantes potagères et la luzerne. Enfin, elles furent heureusement détruites en grande partie par les étourneaux et d'autres oiseaux insectivores, accourus par bandes immenses à cette curée formidable. Les consuls d'Arles et de Marseille firent ramasser les œufs. Arles dépensa pour cette chasse 25 000 francs. *Trois mille quintaux* d'œufs furent enterrés ou jetés dans le Rhône. En comptant 1 750 000 œufs par quintal (100 kilogrammes) cela donnerait un total de 5 milliards 250 millions de sauterelles détruites en germe et qui, sans cela, auraient bientôt renouvelé les ravages dont le pays venait d'être victime.

Les historiens anciens nous apprennent qu'ils furent témoins de pluies de grenouilles et même de poissons ! Citons nos auteurs. Philarcus raconte que « Dieu fit pleuvoir des grenouilles autour de la Pœnie

PLUIE DE SAUTERELLES.

et de la Dardanie, en si grande quantité que les maisons et les chemins en étaient remplis. On ferma les habitations et on en tua un grand nombre; on trouvait des grenouilles mêlées aux aliments et cuites avec eux; les eaux en étaient remplies; on ne pouvait poser le pied à terre. La décomposition de leurs cadavres donna une odeur tellement infecte, qu'il fallut déserter le pays. »

Enfin, on a vu de véritables pluies de hannetons. M. Figuier rapporte « qu'en 1688, dans le comté de Galway, en Irlande, ils formaient un nuage si épais, que le ciel en était obscurci l'espace d'une lieue, et que les paysans avaient peine à se frayer un chemin dans les endroits où ils s'abattaient. Ils détruisirent toute la végétation, de sorte que le paysage revêtit l'aspect désolé de l'hiver. Leurs mâchoires voraces faisaient un bruit comparable à celui que produit le sciage d'une grosse pièce de bois, et, le soir, le bourdonnement de leurs ailes ressemblait à des roulements lointains de tambours. Les malheureux Irlandais furent réduits à faire cuire leurs envahisseurs et à les manger à défaut d'autre nourriture. »

Notre dessin représente une scène qui eut lieu en 1832 sur la route de Gournay à Gisors. « Le 18 mai, à neuf heures du soir, une légion de hannetons assaillit une diligence avec une telle violence, que les chevaux, aveuglés et épouvantés, refusèrent d'avancer et que le conducteur fut obligé de rétrograder jusqu'au village, pour y attendre la fin de cette grêle d'un nouveau genre. »

Tous ces phénomènes, qui étaient autrefois considérés comme des *prodiges*, s'expliquent aujourd'hui de la manière la plus naturelle quand on se rappelle avec quelle force le vent soulève et transporte à de

PLUIE DE HANNETONS.

grandes distances les objets les plus pesants. On a vu certaines *trombes* enlever des troupeaux, des hommes, des arbres centenaires et les rejeter à plus de mille mètres, soulever l'eau des rivières, entraîner les poissons et les projeter au loin avec une force considérable.

Les pluies d'insectes ne sont pas les seuls prodiges

PLUIE DE CROIX, D'APRÈS UN DESSIN DU MOYEN AGE.

de cette nature qui aient frappé l'imagination superstitieuse des anciens. Les vieilles chroniques nous rapportent qu'à plusieurs reprises le ciel fit tomber sur la terre des *croix*, du *lait*, de la *poussière*, du *sang*.

Sans crier au miracle, nous observons fréquemment des chutes de poussières; il est bien vrai qu'à certains moments, dans le sud de l'Europe par exemple, ces chutes présentent un caractère tout particulier.

Parmi les nombreuses descriptions qui ont été données des pluies de poussière, je choisis celle de Thorndurn, dans son travail sur le Bannu, district de Pendjab dans l'Indoustan.

« C'est un spectacle grand et solennel que le commencement d'un orage de poussière, dans une journée d'été, pour l'observateur placé sur une des collines qui s'élèvent en amphithéâtre autour de la plaine de Marwat. Le Marwat, lac desséché, est aujourd'hui une vaste plaine, dénuée d'arbres et couverte de sable onduleux.

» D'abord apparaît un point noir au bout de l'horizon; il s'allonge rapidement et ne tarde pas à s'étendre de l'est à l'ouest; c'est alors une puissante et terrible muraille, épaisse de mille pieds et longue de 50 kilomètres. Elle s'approche avec un bruit étourdissant. Tantôt une aile est poussée en avant, tantôt une autre; mais la masse s'avance de plus en plus. Elle est précédée par une nuée d'oiseaux de proie, milans, aigles et vautours.

» Les villages situés au bas de la colline d'où l'on observe ce phénomène, disparaissent les uns après les autres sous les nuages de poussière. Encore quelques minutes et le sommet du Skekhbudin, qui se baignait un instant auparavant dans les rayons du soleil, est enveloppé de nuages jaunes, qui fuient et s'éloignent rapidement. Un moment suffit pour faire disparaître ce spectacle grandiose; il n'en reste qu'une poussière étouffante, désordonnée, affluant et refluant dans toutes les directions, pénétrant dans toutes les fissures. Hors des demeures, on ne peut voir que des ténèbres palpables; on n'entend que le sifflement du vent, mais dans l'intérieur des maisons on allume les lampes et, au bout d'un quart d'heure, l'orage, qui a exercé ses ravages sur les flancs des coteaux, s'apaise et se calme peu à peu. »

Les pluies de poussière sont dues soit au sable du désert entraîné par les vents, soit aux cendres qui s'échappent des volcans au moment des éruptions.

« Une des éruptions volcaniques qui ont causé le plus de terreur dans les temps modernes est celle du volcan Coseguina, situé au sud de la baie de Fonseca, dans l'Amérique centrale. La quantité de cendres vomies par le volcan atteignit des proportions formidables. Une immense nappe de poussière s'étendit dans le ciel ; elle fut portée par le vent jusqu'à plus de 500 lieues vers l'ouest. La superficie de terre et d'eau sur laquelle s'abattit la poussière a été évaluée à 4 millions de kilomètres carrés, et quant à la masse vomie, elle n'a pas été inférieure à 50 millions de mètres cubes.

» En 1815, un volcan de l'île Sumbava, le Timboro, recouvrit de cendres une surface de terre et de mer supérieure à celle de l'Allemagne. L'imagination populaire fut tellement frappée de ce cataclysme, qu'à Bruni, dans l'île de Bornéo, où des amas de la poussière vomie par le Timboro (à 1400 kilomètres au sud) avaient été portés par le vent, on compte les années à dater de la *grande chute de cendres.* »

Ces chutes de poussière vont nous faire comprendre de quelle nature était le singulier prodige connu sous le nom de *pluie de sang.*

L'historien Plutarque nous raconte que ces pluies de sang apparaissent souvent après les batailles meurtrières, et il explique sérieusement que la vapeur du sang répandu s'élève dans l'air, se fixe dans les nuages et retombe sur la terre avec la pluie ! Nous pourrions dresser une longue liste des pluies de sang relevées par les historiens ; il nous suffira d'emprunter à M. Grellois le récit de ce qui se passa à Aix en juillet 1608 :

« Une pluie de sang tomba à Aix et s'étendit à une demi-lieue de la ville. L'effroi était dans tous les es-

PLUIE DE SANG, D'APRÈS UN DESSIN DU MOYEN AGE.

prits. Heureusement un homme instruit, M. de Peiresc, se livra sur ce soi-disant prodige à des recherches assidues. Il reconnut que les matières rouges qui existaient dans l'eau de pluie n'étaient autre chose que les excréments de papillons qu'on avait observés en abondance dans les commencements de juillet. Il s'empressa de montrer le fait aux amis du miracle, mais le peuple des faubourgs continua de ressentir une véritable terreur à la vue de ces

PLUIE DE SANG EN PROVENCE. (JUILLET 1608.)

larmes sanglantes qui tachaient le sol de la campagne. »

Les pluies de sang ne sont pas uniquement colorées

par des excréments d'insectes; elles contiennent le
plus souvent un sable rouge très fin, enlevé au désert par ces violentes tempêtes connues sous le nom
de Simoun.

Ainsi, la science a définitivement renversé la légende en ce qui concerne les pluies de sang. On sait
aujourd'hui que les pluies rouges qui tombent sur le
sud de l'Europe sont dues aux sables du Sahara qu'un
vent impétueux soulève et transporte à d'énormes
distances. A certaines époques de l'année, plus particulièrement en février et en mars, de violents tourbillons atmosphériques se forment au nord de l'Europe, descendent assez rapidement vers l'Afrique, où
ils forment de véritables tempêtes dans le Sahara et
soulèvent des quantités énormes de sable. Ces tempêtes éprouvent alors un mouvement de recul, re-
viennent du sud au nord vers leur point de départ et
amènent avec elles le sable rouge du désert.

Ce mouvement oscillatoire des tempêtes, indiqué
par M. Tarry, n'est pas encore admis par tous les savants; quoi qu'il en soit, un fait demeure acquis : la
présence du sable du Sahara dans les pluies rouges
que nos ancêtres considéraient avec terreur comme
des pluies de sang.

LES TRAVERSÉES DE LA MANCHE

EN BALLON

La traversée de la Manche en ballon présente de très réels dangers.

Les courants aériens qui règnent dans ces parages dirigent presque fatalement l'aéronaute soit sur l'Océan, soit sur la mer du Nord; dans l'un ou dans l'autre cas, le navigateur aérien est perdu sans ressource. Comment espérer, en effet, qu'un bateau de secours se trouvera précisément à portée de l'aéronaute au moment où son ballon s'abîmera dans les flots? La chute du ballon est d'ailleurs inévitable : le gaz finit toujours par s'échapper de l'enveloppe, et, quand la provision de lest est épuisée, le ballon descend forcément.

Malgré ces dangers, et peut-être faudrait-il dire à cause même de ces dangers, les aéronautes anglais et français se préoccupent très vivement depuis quelque temps du problème de la traversée de la Manche en ballon. La difficulté est bien plus grande pour les Français. Il est plus facile d'aller en ballon d'Angleterre en France que de France en Angleterre; les aéronautes anglais ont, en effet, un vaste continent sur lequel ils peuvent atterrir, tandis que la Grande-

Bretagne n'offre qu'une surface assez restreinte : le plus léger changement dans la direction du vent fait passer le ballon à droite ou à gauche de l'île.

Des expériences ont été récemment tentées en Angleterre; elles n'ont pas complètement réussi. L'une d'elles vient même d'avoir le plus terrible dénouement; nous en parlerons tout à l'heure avec quelques détails.

En France, un certain nombre d'aéronautes ont fondé une société d'expériences aérostatiques; ces hardis voyageurs se proposent non seulement de tenter la traversée de la Manche, mais encore celle de la Méditerranée. Ce qui leur manque le plus, ce n'est ni la science ni le courage, mais l'*argent*, ce même argent que les Anglais mettent si volontiers à la disposition de toutes les entreprises dues à l'initiative privée!

Le but que poursuivent les aéronautes français et anglais n'est pas nouveau. On peut même dire que le rêve de tous les aéronautes a toujours été de traverser la Manche en ballon. Quelques-uns ont réussi, non sans avoir toutefois couru les plus grands dangers.

Avant de signaler quelques-unes de ces périlleuses tentatives, il me paraît utile de donner succinctement quelques dates précises relatives à la science de l'aérostation.

C'est en 1783 que deux Français, Étienne et Joseph Montgolfier, conçurent l'idée d'utiliser la légèreté relative de l'air chaud à la construction des ballons. L'expérience, faite le 19 septembre de la même année à Versailles, réussit à souhait. L'enthousiasme populaire fut frénétique : on ne s'entretenait que de la nouvelle machine!

Sans doute, bien avant les frères Montgolfier on avait songé aux moyens de s'élever dans les airs. Le dieu Mercure n'avait-il pas des ailes aux pieds? L'audacieux Icare ne s'était-il pas approché du soleil en volant? Certains savants du XVIe, du XVIIe et même du

LES FRÈRES MONTGOLFIER.

XVIIIe siècle, prenant à la lettre les légendes mythologiques, avaient affirmé que l'homme devait pouvoir voler dans les airs. Le curieux dessin que je place sous vos yeux représente l'homme-volant tel que l'avait rêvé un littérateur du XVIIIe siècle. « L'homme-volant est muni d'ailes qui s'appliquent exactement aux épaules; il est coiffé d'une sorte de parachute et

L'HOMME VOLANT.

chargé d'un panier de provisions suspendu à sa ceinture. »

Revenons à la question vraiment scientifique. Ce fut le 21 octobre 1783, un mois à peine après l'expérience de Versailles, que deux hommes osèrent s'aventurer dans les airs : ils s'appelaient Pilatre de Rozier et le marquis d'Arlandes. Le roi Louis XVI avait hésité pendant bien longtemps avant de permettre l'ascension, et, de son côté, Montgolfier n'était pas sans appréhension. Le roi proposait que l'expérience fût faite par deux condamnés à mort. « Eh quoi ! s'écria Pilatre de Rozier, de vils criminels auraient la gloire de s'élever dans les airs ! Non, non, cela ne sera point ! ». Le roi finit par céder. L'expérience réussit : les deux aéronautes avaient parcouru dans les airs une distance de 8000 mètres en vingt-cinq minutes.

Aussitôt après que les frères Montgolfier eurent réussi à élever leur ballon gonflé d'air chaud dans les airs, le physicien Charles songea à utiliser la légèreté du gaz hydrogène que le physicien anglais Cavendish avait découvert depuis quelques années (1766).

Ce fut le 17 août 1783 qu'eut lieu, au Champ de Mars, la première expérience publique faite par Charles. L'aérostat avait été gonflé sur la place des Victoires ; il fut disposé sur un brancard et transporté à travers la ville.

L'essai ayant parfaitement réussi, Charles songea à construire un ballon capable d'emporter plusieurs personnes. Il imagina alors de munir l'aérostat d'une soupape, afin d'opérer la descente ; d'emporter du sable, du *lest*, afin de s'élever de plus en plus haut en diminuant à volonté le poids du ballon ; d'enduire ce ballon d'un tissu imperméable...

Ce fut l'aéronaute Blanchard qui songea le premier à traverser la Manche en ballon. Blanchard, à qui l'on doit l'invention des parachutes, s'était beaucoup occupé d'aérostation ; il avait imaginé différentes formes de *vaisseaux volants,* qui devaient, selon leur auteur, se diriger à coup sûr dans les airs. Il me paraît inutile d'ajouter que ces vaisseaux volants ne donnèrent jamais de résultats sérieux.

Blanchard eut un jour l'audace d'annoncer qu'il traverserait la Manche en ballon, d'Angleterre en France. Un Anglais, le docteur Jeffries, s'offrit pour l'accompagner. Voici le récit de ce curieux voyage :

« Le vendredi 7 janvier 1785, à une heure, le vent soufflant du nord-nord-ouest, les voyageurs s'élevèrent dans les airs. Leur point de départ était voisin de la ville de Douvres (Angleterre). « Ils passèrent par-dessus plusieurs navires ; mais le ballon était trop distendu, il descendait : ils jetèrent un sac et demi de lest et s'élevèrent de nouveau ; ils avaient déjà franchi un tiers de la distance et n'apercevaient plus le château de Douvres. Comme le ballon descendait toujours, ils sacrifièrent le reste de leur lest, et, comme cela ne suffisait pas, ils ajoutèrent quelques livres et se relevèrent ; ils pouvaient être à moitié du trajet entre les côtes de France et d'Angleterre. A deux heures un quart, le mercure montant dans le baromètre leur fit voir qu'ils descendaient encore ; le reste des livres y passa. A deux heures vingt-cinq minutes, étant aux trois quarts du chemin, ils aperçurent les côtes de France leur offrant un aspect enchanteur. Mais, par suite de la perte du gaz ou de la condensation de ce gaz, le ballon descendait toujours et, nouveaux Tantales, ils étaient très incertains de toucher jamais cette terre si désirée ; ils lancèrent

alors leurs provisions de bouche, les ailes du bateau
et plusieurs autres objets. « Nous jetâmes, dit le docteur Jeffries, la seule bouteille que nous eussions ;
en descendant, elle fit entendre un bruit éclatant et
produisit une vapeur semblable à de la fumée ; quand

VAISSEAU VOLANT DE BLANCHARD.

elle atteignit l'eau, nous entendîmes et éprouvâmes
le choc, qui fut très sensible sur notre char et notre
ballon. »

On dit que, dans ce moment suprême, le docteur
Jeffries offrit à son compagnon de se jeter à la mer.
« Nous sommes perdus tous les deux, lui dit-il ; si

vous croyez que ce moyen puisse vous sauver, je suis prêt à faire le sacrifice de ma vie. »

« Néanmoins, une dernière ressource leur restait encore : ils pouvaient se débarrasser de leur nacelle et s'attacher aux cordes du ballon. Ils se disposaient à essayer de cette dernière et terrible ressource, et

BLANCHARD.

se tenaient tous deux suspendus aux cordages du filet, prêts à couper les liens qui retenaient la nacelle, lorsqu'ils crurent sentir un léger mouvement d'ascension : le ballon remontait; ils étaient à 4 milles des côtes de France et leur marche était assez rapide. Toute crainte fut bientôt bannie; la côte de France paraissait à leur vue et plus grande et plus belle; ils apercevaient une vingtaine de villes et villages. Leur position et l'idée d'être les premiers qui eussent traversé la Manche d'une façon si peu accoutumée, les rendirent peu à peu sensibles au besoin où ils étaient de leurs vêtements, qu'ils avaient sacrifiés en partie.

» A trois heures précises, ils passèrent sur les terres élevées qui se trouvent environ à la moitié de la distance entre le cap Blanc et Calais. Dans ce moment, le ballon s'éleva rapidement et décrivit un grand arc, et ils montèrent plus haut qu'ils n'avaient été dans toute leur traversée; le vent augmenta et changea un peu de direction. Nos deux voyageurs jetèrent leurs scaphandres devenus inutiles, et, étant descendus à la hauteur des arbres de la forêt de Guines, le docteur Jeffries se saisit d'une branche et leur marche fut arrêtée. L'on ouvrit la soupape, le gaz s'échappa avec bruit, et, quelques minutes après, ils prirent terre entre une ouverture formée par les arbres, après avoir accompli une entreprise dont le souvenir passera peut-être à la postérité la plus reculée.

» Une demi-heure après, quelques personnes à cheval, qui avaient suivi le ballon, firent à ces heureux aéronautes le plus grand accueil. Le lendemain, on célébra à Calais une fête splendide. On présenta à Blanchard des lettres de citoyen de la ville dans une boîte d'or, et le corps municipal demanda au ministère l'autorisation d'acheter le ballon et de le déposer dans la principale église comme un monument de cette expérience; il fut résolu qu'on érigerait un monument en marbre dans l'endroit où ces intrépides voyageurs étaient descendus.

LE DOCTEUR JEFFRIES.

» Plusieurs jours après, Blanchard reçut l'ordre de paraître devant le roi. Sa Majesté lui avait accordé une pension annuelle de 1200 livres, et en plus une somme de 1200 livres. La reine, qui était au jeu, mit pour lui sur une carte et lui fit compter une forte somme qu'elle gagna. On peut ajouter qu'il ne manqua rien au triomphe de Blanchard, pas même la jalousie des envieux, qui profitèrent de l'occasion pour le surnommer le *Don Quichotte de la Manche.* »

Dès que la nouvelle du succès de Blanchard eut été connue, Pilatre de Rozier conçut l'idée de recommencer la traversée, mais en allant, cette fois, de France en Angleterre, tentative beaucoup plus périlleuse, comme nous l'avons expliqué déjà.

Pilatre sollicita et obtint du gouvernement une somme de 40000 livres pour construire une nouvelle machine avec laquelle il voulait traverser la Manche. Cette machine se composait d'un aérostat à gaz hydrogène au-dessous duquel était suspendue une montgolfière. Charles faisait observer avec raison « que c'était mettre le feu à côté de la poudre ».

« Le 15 juin 1785, à sept heures du matin, à Boulogne-sur-Mer, Pilatre monte dans la nacelle de son aéro-montgolfière, accompagné de Romain, l'un des constructeurs de l'aérostat, lequel avait demandé, comme récompense de ses services, à partager les dangers de l'entreprise.

» Le marquis de Maisonfort jette un rouleau de deux cents louis dans la nacelle et prétend monter. Pilatre l'écarte doucement, mais avec fermeté.

« L'expérience est trop peu sûre, dit-il, pour qu'il veuille exposer la vie *d'un autre...* »

» Enfin, l'aéro-montgolfière s'élève lentement, imposante; deux coups de canon retentissent, les

L'AÉRONAUTE GREEN TRAINÉ SUR LES FLOTS.

aéronautes saluent, une foule considérable leur répond par des cris de joie. Ils s'avancent; bientôt ils se trouvent sur la mer. Chacun, les yeux fixés sur le fragile aérostat, l'observe avec crainte. Ils étaient environ à cinq quarts de lieue en avant, au-dessus du détroit, à 250 mètres à peu près de hauteur, lorsqu'un vent d'ouest les ramène sur terre; déjà, depuis vingt-sept minutes, ils étaient dans les airs.

» A ce moment on crut s'apercevoir de quelques mouvements d'alarme de la part des voyageurs. — On croit voir qu'ils abaissent précipitamment leur réchaud... Tout à coup une flamme violette paraît au haut de l'aérostat; l'enveloppe du globe se replie sur la montgolfière et les malheureux voyageurs, précipités des nues, tombent sur la terre; presque en face la tour de Croy, à cinq quarts de lieue de Boulogne, et à trois cents pas de la mer.

» L'infortuné de Rozier fut trouvé dans la galerie le corps fracassé, les os brisés de toutes parts. Son compagnon respirait encore, mais il ne put proférer un seul mot, et quelques minutes après il expira.

» Par une triste ironie du hasard, ils vinrent expirer à l'endroit même où Blanchard était descendu, non loin de la colonne monumentale élevée à sa gloire. »

Les dangers qu'avait courus Blanchard et la triste fin de Pilatre de Rozier et de son compagnon n'arrêtèrent pas l'audace des aéronautes. En 1836, l'Anglais Green partit de Londres, traversa le détroit et vint jeter l'ancre dans une petite ville du duché de Nassau après avoir parcouru 200 lieues en dix-neuf heures.

Green tomba plusieurs fois dans la mer pendant le cours de ses voyages aériens. Notre gravure représente l'épisode le plus curieux de ses aventures. « Le ballon de Green, poussé par le vent, vogue à la surface des flots; il fait voile et la brise l'entraîne. Après plusieurs heures d'un semblable traînage, Green aperçoit de loin la terre. Par un hasard vraiment providentiel, son ballon est jeté sur le rivage, non loin de l'embouchure de la Tamise. »

En 1868, MM. Tissandier et Duruof entreprirent un voyage maritime. « Nous étions partis de Calais, dit M. Tissandier, par un vent de terre soufflant dans la direction de Paris. A 2000 mètres d'altitude, après avoir trouvé une mince couche de neige, nous nous apercevons que le courant supérieur nous a lancés au-dessus de la mer du Nord. Le vent est rapide, et nous ne tardons pas à nous trouver vers la haute mer, à 28 kilomètres environ du rivage. — Mais bientôt le ballon est ramené vers des niveaux inférieurs; il plonge dans le courant atmosphérique superficiel, qui marche en sens inverse du courant supérieur, et nous ramène au-dessus de Calais, où tant de spectateurs nous suivaient des yeux avec angoisse. A l'heure du coucher du soleil, après être remonté à 1200 mètres d'altitude, notre ballon est encore ramené au-dessus de l'Océan, où nous assistons du haut des airs au spectacle grandiose du coucher du soleil. Le vent inférieur devait une seconde fois nous sauver, et nous permettre d'atterrir à l'extrémité du cap Gris-Nez. »

Le voyage du Tricolore. — Le 31 août 1874, M. Duruof, accompagné de sa jeune femme, fit une ascension dont les péripéties furent des plus émouvantes. Nous empruntons à M. Tissandier le curieux récit qui va suivre.

« Le lundi 31 août, le vent soufflait à Calais, plein

sud-ouest, et les courants aériens se dirigeaient en droite ligne vers le centre de la mer du Nord. — Le ballon *le Tricolore* était gonflé au milieu de la place de Calais; une foule considérable assistait avec anxiété aux préparatifs de l'ascension. A cinq heures, le vent n'a pas varié; il va conduire fatalement les aéronautes vers l'immense étendue de l'Océan; le maire et les autorités de la ville s'opposent à un voyage dont l'issue semble devoir être manifestement funeste. Duruof cède à ces instances, il laissera le ballon gonflé jusqu'au lendemain. Les assistants se retirent sans murmurer, et la plupart sont heureux de penser que les aéronautes n'auront pas à risquer leur vie pour le futile plaisir de la foule.

Duruof quitte la place de Calais, accompagné de sa femme; mais, à l'heure du dîner, il est entouré de jeunes gens qui le plaisantent sur sa poltronnerie, qui le raillent avec amertume, et qui l'accusent même de vouloir emporter la caisse des entrées payantes. Un homme de cœur et de courage n'avait pas à tenir compte de ces insultes aussi cruelles qu'injustes. Mais M. et madame Duruof croient que leur honneur est en jeu. Ils retournent sur la place de Calais à l'insu de tout le monde et ils s'élèvent dans l'espace à sept heures du soir !

A peine l'aérostat est-il parti, que la nouvelle de l'ascension se répand dans toute la ville. La jetée de Calais se couvre immédiatement de plusieurs milliers de spectateurs, qui considèrent avec stupéfaction le ballon, qu'emportent les courants aériens vers la haute mer. Je me trouvais au nombre des assistants, et jamais je n'oublierai l'émotion qui gagna la foule à la vue de ces malheureux jeunes gens, qui couraient peut-être à la plus cruelle des morts !...

ASCENSION DE MM. TISSANDIER ET DURUOF (1868).

Pendant trois jours consécutifs on ne reçoit aucune nouvelle des téméraires voyageurs; on les croit engloutis dans les abîmes océaniques, quand le télégramme suivant est envoyé d'Angleterre au maire de Calais : « L'aéronaute Duruof et sa femme sont arrivés aujourd'hui à Grimsby (Angleterre). Ils ont été sauvés par un bateau pêcheur, après être restés deux heures dans l'eau. » Depuis cette époque nous avons revu Duruof, et il nous a raconté lui-même les dramatiques circonstances de son voyage aérien.

A sept heures et demie du soir, c'est-à-dire à la nuit tombante, l'aéronaute se voit au-dessus de la mer, dans la nacelle de son aérostat qui ne cube que 800 mètres; il s'aperçoit que la direction de sa marche le conduit vers la haute mer. Il prend aussitôt la résolution de laisser planer son ballon à une faible hauteur au-dessus des flots de l'Océan, afin de rester le plus longtemps possible au sein de l'atmosphère. Sa jeune femme, comme lui, est calme et résolue; mais la nuit ne tarde pas à cacher l'horizon sous d'épaisses ténèbres, et avant que le soleil les dissipe, il va falloir traverser de longues heures jusqu'au lever du jour. Cependant les voyageurs ne désespèrent pas du salut; ils aperçoivent au loin les phares de l'Angleterre, et ces lumières allumées par les hommes leur apparaissent comme des signes de bon augure. La mer est quelque peu phosphorescente, et du haut des airs ils ne cessent de contempler les mouvements des vagues; parfois ils assistent à la danse nocturne d'une infinité de dauphins qui se jouent au milieu des lames écumantes; parfois la lanterne rouge d'un bateau pêcheur se montre à l'horizon. Duruof est tellement accablé par la fatigue que le sommeil le gagne, et si sa femme ne l'exhortait pas à surveiller la marche du *Tricolore*, il s'endormirait au fond de la nacelle.

Enfin les heures s'écoulent, les masses sombres se dissipent, les premiers rayons du soleil dardent leurs feux..., le jour va luire. Il est cinq heures du matin. Il y a dix heures que les aéronautes voguent au-dessus de l'Océan, toujours dans la direction du nord-est. Duruof reconnaît sa route ; il n'ignore pas qu'il se dirige sur les côtes de la Norvège ; mais à quelle distance s'en trouve-t-il? Le ballon pourra-t-il rester assez longtemps en l'air pour les atteindre ?

Au moment où ces réflexions s'agitent dans son esprit, il aperçoit un bateau pêcheur qui tire des bordées à la surface de la mer et qui semble vouloir se rapprocher de l'aérostat. Ce navire, c'est le salut. Duruof n'hésite plus, il tire la soupape de son ballon qui descend rapidement, et la nacelle aérienne heurte bientôt la cime des vagues. — Pendant deux heures consécutives, M. et madame Duruof vont être ainsi ballottés à la surface de l'Océan. La nacelle est engloutie dans l'eau, et madame Duruof est littéralement submergée ; sa tête seule dépasse le niveau de la mer ; mais des vagues immenses l'engloutissent parfois pendant des secondes qui lui paraissent avoir la durée de longues heures. Duruof montre à sa compagne le navire qui s'approche, la chaloupe qui est mise à la mer et où deux vigoureux rameurs prennent place pour porter secours aux naufragés. — Le frêle esquif, après bien des efforts, bien des dangers, saisit enfin la corde traînante de l'aérostat ; les marins s'en emparent ; mais le ballon entraîné par un vent rapide, va faire chavirer l'embarcation. Le moment est grave et solennel, il y va de la vie de quatre braves. Duruof saisit son couteau, et coupe les cordes qui rattachent l'aérostat à la nacelle. A peine a-t-il terminé cette besogne, que sa femme, épuisée, est arrachée de la mer par les marins; lui-même se jette dans la chaloupe, où il tombe affaissé. »

. La science aéronautique a compté de nombreux martyrs. A côté des noms de Pilatre de Rozier et de Romain, qui furent les premières victimes, il nous faut placer celui de Powell, la plus récente victime.

Le samedi 10 décembre 1881, le ballon *le Saladin,* faisant partie du matériel du corps des aéronautes militaires anglais, s'élevait dans les airs, emportant trois voyageurs : MM. Powell, membre du parlement, Templer et Gardner. Le ballon était parti de la ville de Bath.

Au bout de quelques heures les voyageurs, s'apercevant qu'ils se dirigeaient vers la mer, tentèrent d'atterrir. « Le ballon, s'étant mis à descendre avec une extrême rapidité, vint frapper violemment le sol. M. Gardner et le capitaine Templer furent tous les deux jetés hors du ballon : le premier se brisa la jambe et l'autre se contusionna gravement. M. Powell était demeuré dans la nacelle. Le capitaine Templer qui tenait encore l'extrémité de la corde servant à faire manœuvrer la soupape s'y cramponna avec force; mais elle lui fut brusquement arrachée des mains comme il essayait de parler à son compagnon; le ballon, s'élançant instantanément à une très grande hauteur, fut rapidement emporté dans la direction de la mer et bientôt il disparut dans l'obscurité. Aussi longtemps qu'on l'aperçut, on put voir M. Powell restant vaillamment debout dans la nacelle, et envoyant de la main un dernier adieu à ses amis. »

Pendant plusieurs jours, on chercha en vain les

traces de M. Powell. On trouva sur la côte anglaise, près de Portland, un fragment de thermomètre brisé auquel était attaché un cheveu : ce thermomètre fut reconnu comme appartenant à M. Templer.

Au bout de quelques semaines, le corps de M. Powell et le ballon qui le portait furent trouvés dans la Sierra del Pedrosa, située en Galice (Espagne)! On ne peut encore savoir si l'infortuné voyageur est mort en ballon ou si son décès a eu lieu au moment de la chute.

En mars 1882, le colonel anglais Brine essaya de recommencer l'expérience de Blanchard. Parti de Canterbury, M. Brine ne put atteindre les côtes de France et dut opérer sa descente en mer, où le bateau à vapeur de Douvres à Calais le recueillit.

Quelques semaines après, le colonel anglais Burnaby fut plus heureux dans sa tentative. Il partit seul dans l'aérostat *l'Eclipse*, et après une traversée de huit heures débarqua très heureusement près de Dieppe.

Ainsi plusieurs aéronautes ont pu traverser la Manche d'Angleterre en France. Aucun n'a pu jusqu'ici se rendre de France en Angleterre.

COMMENT ON CALME LES VAGUES

Nos lecteurs connaissent bien certainement *la Chasse au Léviathan*, l'intéressant récit du capitaine Mayne-Reid. Un des chapitres de cet ouvrage les a sans doute frappés. Je rappelle en quelques mots l'incident auquel je fais allusion.

Une chaloupe baleinière est assaillie par une violente tempête. Au moment où elle va sombrer, apparaît, à la surface de la mer, une baleine morte soulevée hors de l'eau par les gaz produits par sa propre décomposition. Le commandant annonce avec joie que la chaloupe est sauvée, et, en effet, un calme soudain s'opère tout autour des marins. « Les exsudations oléagineuses qui provenaient du corps de la baleine à moitié décomposée, flottaient sur la mer, du côté du vent, et agissaient sur une étendue d'eau plus considérable que la surface occupée par le corps de la baleine. Sur cette surface enchantée, les vagues n'avaient aucune prise ; c'est à peine si elles se risquaient jusque sur le bord. »

Cette propriété curieuse de l'huile était connue des anciens. Aristote, Pline, Plutarque attestent que l'huile abat l'agitation des flots. Mais la tempête ne perd aucun de ses droits, la mer est bien plus furieuse à la limite de la zone protégée. Aussi en Hollande, quand plusieurs bateaux ont naufragé au même endroit, si quelques équipages ont le bonheur de se sauver, le magistrat exige d'eux le serment qu'ils n'ont pas fait usage d'huile et punit ceux qui, en recourant à ce puissant moyen, n'ont assuré leur salut qu'en rendant certaine la perte de leurs compagnons d'infortune.

Bien avant le capitaine Mayne-Reid, un littérateur français, M. de La Landelle, avait fondé sur la propriété de l'huile une des scènes les plus émouvantes de son amusant roman *Phylon Binôme*. Une corvette, *le Liamone,* se trouve en perdition sur les côtes d'Alger ; Phylon, qui commande en second l'*Alligator,* se dispose à aller à son secours : « A tout prix, il me faut dix barriques d'huile, dit-il à son commissaire ; allez les acheter sur-le-champ, fût-ce à mon compte. » Au bout d'une heure tout est prêt et l'*Alligator* s'avance vers la corvette.

Les flots étaient furieux. Le *Liamone*, affalé en côte, après avoir lutté sous voiles jusqu'à la dernière extrémité, avait successivement perdu toutes ses ancres et talonnait. Son gouvernail était brisé. Son grand mât et son mât d'artimon tombèrent, écrasant des hommes. Des lames effroyables capelaient la corvette.

« Calmons la mer, » dit Phylon Binôme .

Par ses ordres, la pompe à incendie fut remplie d'huile que, à la grande surprise des gens du bord, on lança sous le vent. En moins de dix minutes, les crêtes des lames disparurent. L'huile s'était interposée entre la tempête et les vagues. Aux brisants succédait une houle toujours très violente, mais relativement tolérable.

Moyen dangereux et parfois inhumain, qu'il est

sage d'interdire partout ailleurs que dans les parages déserts, dit Phylon à quelques officiers. En dehors de la zone que nous apaisons, la mer prend sa revanche. Nous nous en apercevrons au retour.

Six hectolitres d'huile, lancés par la pompe à incendie, suffirent pour aplanir les lames. Elles déferlaient en côte avec une furie indomptable ; elles furent domptées en l'espace de dix minutes.

Dans ces derniers temps, on a cherché les moyens d'utiliser la propriété protectrice de l'huile, et M. Shields a fait d'intéressantes expériences dans le port de Peterhead, en Écosse. « L'accès de ce port est souvent rendu impossible par le mauvais temps. Or, après des essais prolongés pendant deux ans, M. Shields a constaté que si, à l'aide d'une pompe foulante installée sur le rivage, on chasse de l'huile dans un tuyau de plomb déposé sur le fond de la mer et allant aboutir en eau profonde à 180 mètres de la côte, il suffit de manœuvrer la pompe pendant une demi-heure pour rendre l'entrée du port praticable même par de simples barques, tandis qu'avant l'expérience la tempête accumulait devant le port des flots infranchissables même pour les gros navires. Mais il importait de faire jaillir l'huile suffisamment loin du rivage, sans quoi le vent, dirigé vers celui-ci, eût mis obstacle à son étalement sur une assez grande surface de la mer, et le but n'eût pas été atteint. »

Cette curieuse propriété de l'huile explique aujourd'hui un certain nombre de faits qui avaient jusqu'ici surpris les savants. On sait, par exemple, que le *Banc de Terre-Neuve* est considéré par les marins comme une espèce de port ; la mer y est toujours très peu agitée en temps de pêche, même lorsque la tempête fait rage autour du banc. L'explication de ce phéno-

mène est maintenant bien simple, surtout quand on
se rappelle les coutumes des pêcheurs : « Dès qu'une
morue est prise, son foie est enlevé et l'on recueille
immédiatement l'huile qui s'en écoule ; or on ne peut
empêcher qu'il ne se perde de cette huile, qui s'étale
sur la mer en une couche comparable pour l'extrême
minceur à la pellicule d'eau grasse d'une bulle de
savon. C'est cette pellicule qui force la mer à se tenir
tranquille. »

Un savant hollandais, M. van der Mensbrugghe, s'est
demandé quelle était la cause de l'action protectrice
de l'huile, et voici les conclusions intéressantes auxquelles il est arrivé.

« L'énergie du mouvement des vagues, dit-il, est
produite par la superposition d'une infinité de couches
extrêmement minces, dont chacune n'engendre à la
vérité qu'une faible accélération de vitesse, mais dont
l'ensemble peut imprimer à de grandes masses des
vitesses considérables. Si cette explication est exacte,
tout obstacle opposé à la superposition graduelle des
couches superficielles des eaux de la mer doit empêcher le mouvement des vagues. » C'est ainsi que
paraît devoir agir un corps gras comme l'huile.

Les corps flottants à la surface de la mer doivent
avoir, tout comme l'huile, une influence préservatrice,
puisqu'ils opposent une résistance au mouvement de
l'eau. L'auteur cite comme un exemple remarquable
de cette propriété des corps flottants les amas de
fucus formant l'immense mer de verdure, la *mer des
Sargasses*, au sud-ouest des Açores, et qui protègent
si complètement, contre l'action des vents et des courants, les eaux à la surface desquelles ils flottent, que,
comme l'a dit Arago, des siècles n'ont pas suffi à l'entière dispersion des plantes qui s'y trouvaient ras-

semblées à la fin du XVe siècle, lorsque les caravelles de Christophe Colomb les sillonnèrent pour la première fois.

On sait qu'on donne le nom de *mer des Sargasses* à de vastes régions océaniques où l'on trouve des algues en quantité. La sargasse est un genre d'algues marines qui comprend plus de cent espèces, répandues dans les mers chaudes et tempérées du globe.

L'action préservatrice de l'huile étant parfaitement admise, on conçoit que les auteurs puissent différer sur l'explication de ce phénomène. Nous avons donné l'opinion de M. van der Mensbrugghe ; voici celle d'un autre savant, M. Dulaurier.

« L'huile que l'on répand sur la mer a une double action : elle diminue le frottement et empêche toute action physique et chimique entre l'air et l'eau, en sorte que, si on la répand avant la tempête, les vagues ne pourront commencer à se former, puisque le frottement est annulé ; le vent ne trouve plus de creux dans lesquels il puisse agir jusqu'à ce que la hauteur des vagues atteigne le maximum possible. Si, au contraire, on verse l'huile pendant la tempête, la surface de l'eau étant lubrifiée, le vent fait glisser l'huile au lieu de faire glisser l'eau. »

Le succès n'est pas toujours assuré : Si l'on est, par exemple, sur un navire à voile dont on a été obligé de carguer toute la voilure, le navire restant en place tandis que le vent entraîne l'huile au loin, on comprend que cette huile n'aura aucun effet utile. Si le navire est à vapeur, il restera au milieu de l'huile s'il se dirige du même côté que le vent avec une vitesse à peu près égale : le procédé sera alors efficace. Mais si le navire marche en sens contraire ou obliquement, on n'aura aucune action utile.

MER DES SARGASSES.

Quelle que soit l'explication adoptée, le fait en lui-même n'est plus contestable, et il faut s'associer aux conclusions de M. van der Mensbrugghe.

« Je demande, dit-il, si le temps n'est pas proche où l'on mettra partout à profit la précieuse propriété des huiles, non seulement pour calmer les vagues en pleine mer, mais encore pour protéger les dunes et les phares, pour rendre accessibles les vaisseaux en détresse ou les côtes que rendent inabordables la houle et les brisants.

» N'est-ce pas le moment de se résoudre à verser, peu de temps avant les heures indiquées pour les marées des syzygies, quelques hectolitres d'huile de baleine ou de colza, à l'embouchure des fleuves où sévissent les redoutables barres de flot, comme dans la Seine, la Dordogne, le Severn, l'Humber, le fleuve des Amazones? Car, de même que l'huile empêche la formation des vagues en pleine mer, ne s'opposerait-elle pas aussi efficacement à l'accroissement prodigieux de l'énergie de mouvement des mascarets, et les dévastations produites par ces derniers ne seraient-elles pas rendues impossibles? Enfin, pour la même raison que tout capitaine de navire doit être muni d'une boussole destinée à guider sa route à travers l'Océan, ne pourrait-on pas l'obliger à être pourvu constamment d'une petite provision d'huile (quelques décalitres suffiraient), dont l'emploi judicieux protègerait contre les tempêtes ses passagers, son équipage et sa cargaison? Si ce vœu est exaucé, tout me fait espérer que l'on verra décroître notablement le nombre des affreux sinistres dont l'histoire vient si souvent assombrir les annales maritimes. »

LA MARMITE SOLAIRE

Le soleil est un immense foyer de chaleur et de lumière, dont les hommes n'ont pas su jusqu'ici utiliser toute la puissance. Si la chaleur annuellement versée sur notre globe par le soleil était uniformément répartie sur toute la surface de la terre, cette chaleur suffirait pour fondre une couche de glace qui envelopperait la terre et dont l'épaisseur serait de 30 mètres.

A quoi cette chaleur est-elle employée? La chaleur solaire produit sur notre globe la différence des climats et des saisons, elle détermine les grands mouvements atmosphériques en dilatant l'air dans certaines régions, le soulevant en masses considérable , produisant ainsi un vide que d'autres masses gazeuses viennent rapidement combler. C'est à la chaleur solaire que sont dus le développement de la végétation, la production de force résultant des combustions et de la nutrition des animaux.

Mais, nous le répétons, une grande partie de cette chaleur reçue par la terre est perdue: le sol n'en retient qu'une faible quantité, le reste étant renvoyé dans l'espace par rayonnement.

Depuis longtemps on cherche le moyen d'utiliser cette chaleur perdue. Pourquoi nos jardiniers recou-

vrent-ils d'une cloche de verre les plantes dont ils veu-
lent hâter le développement ? C'est parce qu'ils savent
que le verre a la propriété d'empêcher la sortie des
rayons solaires qui l'ont traversé une première fois ;
la chaleur s'emmagasine donc sous la cloche, et
l'air renfermé sous cette cloche s'échauffe de plus en
plus. Nos serres, qui sont tout simplement des cloches
de grandes dimensions, sont établies d'après le même
principe.

Ce qui fait que les corps frappés par un rayon de
soleil ne conservent pas la chaleur qu'ils reçoivent,
c'est que, d'une part, ils *réfléchissent* ces rayons, et,
d'autre part, qu'ils laissent s'écouler cette chaleur en
vertu d'une propriété qu'on appelle *conductibilité.*

Les différents corps réfléchissent plus ou moins la
chaleur et la lumière, par conséquent ils s'échauffent
plus ou moins sous l'influence du même rayon solaire.
Les corps blancs, les surfaces métalliques réfléchissent bien mieux la chaleur qu'un corps noirci.

La seconde propriété dont nous avons parlé, la
conductibilité, est très variable d'un corps à l'autre.
Pourquoi ressentons-nous une plus vive impression
de froid quand nous plaçons notre main sur une
table de marbre, que lorsque nous plaçons la main
sur une table de bois placée dans la même salle ?
C'est parce que le marbre est un *bon* conducteur de
la chaleur, tandis que le bois est un *mauvais* conducteur ; dans le premier cas, la chaleur de notre
main s'écoule rapidement dans le marbre, et nous
ressentons une impression vive de refroidissement ;
le bois, au contraire, ne laisse pas écouler la chaleur,
et la température de notre main n'est pas abaissée.

En 1867, on voyait à l'Exposition universelle une
marmite automatique, utilisée dans les pays du Nord.

Dans la marmite, on introduit la viande, l'eau, les légumes nécessaires à la confection du pot-au-feu, et l'on fait bouillir le tout. « On enferme alors la marmite dans une boîte dont l'intérieur et le couvercle

MARMITE AUTOMATIQUE.

sont doublés d'une épaisse garniture de feutre (le feutre est un mauvais conducteur de la chaleur); la cuisson se continue et s'achève sans feu. »

A l'Exposition universelle de Paris, en 1878, on

admira beaucoup une marmite solaire qui, sans bois, sans charbon, permettait de cuire les aliments, de rôtir des poulets..... Il fallait attendre toutefois que la nouvelle invention fût soumise au contrôle de l'expérience. Cette expérience est faite aujourd'hui.

M. Mouchot, professeur au lycée de Tours, a imaginé un appareil dont la construction repose sur la propriété du verre que nous vous avons signalée en vous parlant des serres, et sur la propriété des corps mauvais conducteurs de la chaleur.

Dans l'intérieur d'un cylindre de verre est placé un manchon métallique dont la surface extérieure est noircie; dans ce manchon sont introduits les aliments qu'il faut cuire; l'appareil est fermé par un couvercle de métal. En exposant cette marmite au soleil et, mieux encore, en adaptant autour de cet appareil un réflecteur en plaqué d'argent ou en laiton recouvert d'une mince couche d'argent, la chaleur du soleil pénètre dans le verre et ne ressort plus. Le manchon intérieur et les substances qu'il renferme sont donc soumis à une température qui s'élève de plus en plus et qui atteint facilement 100, 120, 150, 200 degrés centigrades. En modifiant un peu la forme de cet appareil, M. Mouchot le transforme en un feu qui peut cuire, en peu de temps, un kilogramme de pain, ne présentant aucune différence avec celui des boulangers. Cette marmite, déjà transformée en four, peut encore se transformer en alambic et permettre la distillation de l'alcool, etc. Sans doute, pour toutes ces opérations, le soleil est nécessaire, et notre climat parisien se prête peu à des expériences de ce genre pendant un très long temps. Les appareils de M. Mouchot, perfectionnés par M. Abel Pifre, seront surtout utilisés en Algérie, et le savant

professeur du lycée de Tours se propose de donner à
nos soldats une batterie de cuisine n'exigeant pas
de combustible et qu'ils pourront utiliser dans les
sables du Sahara ou dans les neiges de l'Atlas.

L'appareil solaire permettra de rendre aisément
certaines eaux potables en les soumettant, sans
dépense, à l'ébullition; il permettra la conservation
des grains, le chauffage des vins, la distillation des
essences, l'extraction du sel de l'eau de mer, etc.

Il est évident que les effets obtenus avec la marmite solaire dépendent de la force, c'est-à-dire des
dimensions du réflecteur. Avec un réflecteur de
1 mètre carré de surface, on a pu, en Algérie, faire
bouillir un litre d'eau en moins de 12 minutes et
produire par heure 1322 litres de vapeur.

Il convient de rappeler, puisque nous parlons de
l'utilisation directe de la chaleur solaire, que depuis
bien longtemps on s'est servi des miroirs de verre et
de métal pour concentrer les rayons solaires. Le miroir ardent de Tschirnhausen « allume du bois vert en
un moment... fait bouillir de l'eau, fait fondre en un
instant un mélange d'étain et de plomb, fait rougir
promptement des morceaux de fer ou d'acier..... »
Faut-il vous rappeler qu'Archimède, dit-on, à l'aide
de miroirs ardents, incendia la flotte des Romains
qui, sous la conduite de Marcellus, assiégeaient Syracuse ? Mais le principe sur lequel repose la construction de ces miroirs diffère complètement de ceux que
nous avons rappelés plus haut. Ces miroirs, en verre
ou en métal, ont la propriété de concentrer en un
point, qu'on appelle *foyer*, tous les rayons qui tombent
sur leur surface. Ce point est donc considérablement échauffé, et l'on peut enflammer les différents
corps qui y sont fixés. Chose assurément curieuse,

le physicien Mariotte fit un miroir ardent avec.....
un morceau de glace, oui, de la glace obtenue par la
congélation d'eau bien pure. Et, avec ce miroir
ardent, Mariotte parvint à allumer de la poudre.

L'appareil de MM. Mouchot et Pifre est véritable-
ment pratique. Je n'ai plus qu'un mot à ajouter pour
l'avoir complètement décrit. Pour utiliser cet appareil, il faut d'abord du soleil, et en second lieu il
faut placer l'appareil de manière qu'il reçoive dans
les meilleures conditions possibles les rayons du soleil. Or, une fois que l'appareil est bien en place, le
soleil, lui, sans paraître se soucier des recherches des
savants, continue majestueusement sa course *appa-
rente*. La marmite solaire a donc à chaque instant
une position variable par rapport au soleil, il faudrait
donc constamment la ramener dans une position
convenable, si l'inventeur n'avait paré à ce grave
inconvénient. Au moyen d'un système d'horlogerie,
assez grossier même, on peut donner à l'appareil
un mouvement automatique régulier, exactement
pareil au mouvement apparent du soleil. La marmite
étant mise une première fois en place suivra constamment l'astre qui lui fournit sa chaleur. Le système employé par MM. Mouchot et Pifre est exactement le même que celui dont se servent les astro-
nomes pour suivre, dans leur marche, le soleil, les
planètes ou les étoiles.

LES CORPS DÉTONANTS

Je définirais volontiers l'art de la guerre de la manière suivante : L'art de tuer, dans le temps le plus court possible, le plus grand nombre possible de créatures humaines! Chaque nation s'efforce de surpasser sa voisine et d'imaginer un engin meurtrier nouveau. Touchante émulation! Si les hommes déployaient contre les misères sociales la même énergie qu'ils dépensent à chercher les moyens de s'entre-tuer, les guerres deviendraient peut-être inutiles. Et nous n'ajouterions pas un fléau de plus à tous ceux qui accablent les peuples! Je sais bien qu'alors il serait difficile à un général de se couvrir de gloire; qu'on ne pourrait plus, en vertu du droit que donnent les fusils et les canons, envahir son voisin et le faire consentir, le couteau sur la gorge, à abandonner une portion de son territoire; qu'on ne pourrait plus procéder à ces armements coûteux qui ruinent un pays, même en pleine paix, sous ce prétexte fallacieux qu'un ancien a dit en latin qu'il fallait, pour avoir la paix, préparer la guerre. Sans doute, ces merveilleuses revues militaires, dans lesquelles on admire la bonne tenue et l'air martial des troupes perdraient de leur intérêt; on n'aurait plus l'occasion de faire voir aux princes étrangers qui seront peut-être demain nos ennemis nos arsenaux et nos réserves. (J'ouvre une parenthèse pour déclarer que ces politesses entre souverains m'ont toujours paru bien curieuses, d'autant que ces mêmes arsenaux, ces mêmes ateliers de construction sont presque impitoyablement fermés aux nationaux.) Oui, sans doute, tout cela disparaîtrait; adieu ces beaux chants enthousiastes dans lesquels gloire et victoire, lauriers, et guerriers riment d'une si agréable façon; plus de ces lois militaires qu'on place sous les yeux de tout néophyte et qui invariablement ont pour sanction la mort; plus de galons et de plumets, d'épaulettes et de dorures! Le regretteriez-vous, cher lecteur? Pour moi, je l'avoue, je me consolerais aisément.

Mais, puisque toutes nos plus belles phrases ne feront jamais avancer d'un pas cette séduisante utopie de la paix universelle; puisque nous ne pouvons avec succès déclarer la guerre à la guerre; puisque certains auteurs vont même jusqu'à considérer comme nécessaire cette extermination des peuples, sous le faux prétexte que la Terre ne saurait nourrir tous ses habitants; résignons-nous et, faisant, comme l'on dit, contre fortune bon cœur, parlons un peu de quelques-uns des engins meurtriers en usage aujourd'hui.

LA POUDRE A CANON

On a prétendu à tort que la poudre à canon avait été inventée par Roger Bacon, célèbre moine anglais qui vivait au XIIIe siècle et que l'on avait surnommé

BERTHOLD SCHWARTZ.

le *Docteur admirable*, à cause de sa science prodigieuse.

D'autres savants firent honneur de cette découverte au moine allemand Berthold Schwartz, qui vivait dans

ROGER BACON.

la première moitié du xive siècle. « Si l'on en croit la légende, un jour qu'il avait laissé dans son laboratoire, au fond d'un mortier recouvert d'une pierre, le mélange ternaire de salpètre, soufre et charbon, une étincelle, tombée par hasard, enflamma le mélange, qui fit explosion, et laissa le moine sous le coup d'une terreur indescriptible. Revenu de sa stupeur, Schwartz aurait reconnu la propriété balistique de la poudre. »

La vérité est que la poudre à canon n'a été découverte par personne. Des transformations successives dans sa composition ont certes eu lieu depuis les feux de guerre des Orientaux, les compositions incendiaires des Arabes, jusqu'au mélange parfaitement défini que nous utilisons aujourd'hui sous le nom de poudre; mais ces transformations ont été l'œuvre du temps. Ce n'est donc ni à Roger Bacon, ni à Albert le Grand, ni au moine Berthold Schwartz, qu'il convient de faire honneur de cette découverte.

En 1339, au siège de Puy-Guilhem, et pendant la même année au siège de Cambrai par Édouard III, on voit apparaître la poudre, alimentant des canons. Toutefois ces engins destructeurs ne sont encore employés que contre les murailles. Peut-être les princes se souviennent-ils que les conciles ont défendu l'usage des machines de guerre dirigées contre les hommes, comme « trop meurtrières et déplaisant à Dieu » ; peut-être se rappellent-ils le serment exigé des artilleurs allemands « de ne point tirer le canon de nuit; de ne point cacher de feux clandestins... et surtout de ne construire aucuns globes empoisonnés... et de ne s'en servir jamais pour la ruine et la destruction des hommes ».

Ce fut à la bataille de Crécy que les armes à feu furent employées pour la première fois contre des êtres vivants. Les Anglais osèrent les premiers s'en servir contre nos ancêtres, qui perdirent la bataille. Je n'ai pas besoin d'ajouter que les scrupules dont les Anglais s'étaient débarrassés à Crécy n'existent plus depuis longtemps chez aucun peuple.

La *poudre* est un mélange de trois corps que vous connaissez bien : le charbon, le soufre et le salpêtre. Chacun des trois corps qui entrent dans la composition de la poudre a son but spécial : le charbon, corps solide, doit se transformer en gaz acide carbonique et, par conséquent, transformer le petit volume de la poudre en un volume gazeux relativement considérable qui, emprisonné, pourra exercer une énorme pression. C'est le charbon qui est l'élément important de la poudre. Toutefois il faut que cette transformation du charbon en gaz carbonique s'opère avec une grande rapidité : le salpêtre, dont la brusque décomposition sous l'influence de la chaleur est encore augmentée par la présence du soufre, permettra cette facile transformation. 100 grammes de poudre donnent 35 litres de gaz; mais, la température obtenue par la combustion de la poudre étant très élevée, 1200 degrés environ, les gaz produits sont considérablement dilatés, de telle sorte qu'un volume de poudre donne plus de *deux mille* volumes de gaz.

Je ne vous parlerai pas des mille détails relatifs à la fabrication de la poudre : il me faudrait un volume entier. Je puis dire seulement que les effets de la poudre varient d'une manière considérable suivant le plus ou moins de pureté des matières qui la composent, l'état physique de la poudre, la grosseur des grains, etc. Les proportions des matières qui composent la poudre sont différentes suivant qu'elle est destinée aux armes de guerre, aux armes de chasse, aux mélanges employés pour faire sauter les mines. La poudre de guerre, par exemple, renferme, dans 100 grammes, 75 grammes de salpêtre, 12^{gr},50 de soufre, 12^{gr},50 de charbon.

LE COTON-POUDRE

En 1846, un chimiste suisse, Schönbein, montra que le coton ordinaire, le coton non cardé, trempé dans l'acide azotique très concentré, puis séché, acquérait des propriétés explosives plus considérables que la poudre. Une boulette de ce coton brûle avec autant de vivacité qu'un amas de poudre, sans donner ni fumée ni résidu. La poudre-coton, qu'on appelle encore *pyroxyle*, produit en brûlant un volume gazeux considérable. Tandis que la poudre ordinaire, nous vous l'avons dit tout à l'heure, donne deux mille fois son volume de gaz, la poudre-coton donne un volume de gaz huit mille fois égal au sien.

Les avantages de la poudre-coton, comparée à la poudre ordinaire, sont considérables; son effet explosible est triple de celui de la poudre; le prix de revient est beaucoup plus faible, et l'on a compté que si le gouvernement remplaçait la poudre de mine par le coton-poudre, il réaliserait annuellement un bénéfice de trois millions. Le coton-poudre brûle sans fumée et sans odeur; il ne laisse pas de résidu, par conséquent il ne salit pas les armes; enfin la poudre-coton n'est pas altérée par l'eau, car ses propriétés subsistent entières lorsqu'après l'avoir laissée séjourner dans l'eau, on la dessèche à nouveau. Malheureusement, la force explosive de ce coton-poudre est trop considérable et sa conservation est difficile.

Il vous paraîtra singulier sans doute qu'on reproche à un corps détonant d'être trop explosible; mais vous comprendrez facilement que dans une arme il peut y avoir avantage à ce que les gaz formés prennent naissance d'une manière progressive, de façon que tout l'effet produit se porte sur le projectile et non sur l'arme elle-même. Or avec le coton-poudre, les armes éclatent souvent. De plus, le coton-poudre s'altère rapidement, et cette altération est accompagnée d'un dégagement de chaleur qui peut déterminer brusquement une explosion. « Le 17 juillet 1848, on avait préparé à la poudrerie du Bouchet 1600 kilogrammes de poudre-coton, et quatre ouvriers étaient occupés à l'enfermer dans des barils, lorsque, sans cause connue, le magasin sauta. Les désastres furent effroyables. Les quatre ouvriers occupés à emmagasiner le coton-poudre furent tués, trois autres blessés. Le bâtiment, dont les murs avaient, les uns un mètre, et les autres cinquante centimètres d'épaisseur, fut détruit de fond en comble... Cent soixante-quatre arbres situés aux environs furent complètement emportés ou coupés. »

On avait proposé de substituer le coton-poudre au fulminate de mercure dans la fabrication des amorces fulminantes, et certainement on aurait pu éviter ainsi les dangers épouvantables que présente cette fabrication, mais on n'a donné aucune suite à cette idée, à cause de l'irrégularité des effets des capsules ainsi préparées.

LE FULMINATE DE MERCURE

Au commencement de ce siècle, en 1800, le chimiste Howard découvrit un nouveau corps explosible qui s'appela longtemps *poudre d'Howard*, et que nous nommons aujourd'hui fulminate de mercure. Ce corps détonant, presque exclusivement employé dans la fabrication des capsules, se présente sous la forme de petits cristaux brillants d'une couleur gris brun ; il se décompose avec flamme et détone soit par le choc, soit à une température de 188 degrés centigrades. On le prépare en dissolvant du mercure dans de l'acide azotique à une température d'environ 50 degrés et en versant de l'alcool dans cette dissolution. Il se dégage une vapeur blanche très vénéneuse, et le liquide, après avoir été filtré, laisse déposer sur le papier filtre du fulminate.

Un kilogramme de mercure donne 1250 grammes de fulminate, avec lequel on prépare 4000 capsules. Le fulminate sec détone sous l'influence du plus faible choc ; lorsqu'il est mouillé, on peut au contraire le broyer impunément. Pour faire les capsules, on commence par le tremper dans l'eau ; on en fait une pâte que l'on place sur une table de marbre et que l'on broie avec une petite meule de bois de gaïac. On ajoute d'ordinaire au fulminate de la poudre ordinaire ou du salpêtre. Le salpêtre a la propriété d'absorber facilement l'humidité : l'introduction de ce corps dans le mélange a donc pour but de rendre le fulminate moins facilement explosible.

LE PICRATE DE POTASSE

La houille est certainement l'une des substances les plus intéressantes à étudier. Vous savez que la houille ou charbon de terre se trouve, comme ce dernier nom l'indique, dans le sol. Non seulement cette houille est un combustible précieux, mais elle nous fournit encore un grand nombre de produits dont l'industrie tire le plus grand profit, à des titres très divers. C'est de la houille qu'on extrait : le gaz d'éclairage, le coke, le goudron. Du goudron lui-même, on retire la benzine, la naphtaline, la paraffine, l'acide phénique, l'aniline dont les magnifiques nuances sont utilisées dans l'industrie des couleurs, enfin l'acide picrique.

L'acide picrique combiné à la potasse a malheureusement fait parler trop souvent de lui dans ces dernières années : vous n'avez pas oublié la terrible explosion de la place de la Sorbonne, à Paris, qui fit tant de victimes. Le picrate de potasse a une puissance explosible dix fois plus grande que celle de la poudre ordinaire ; on l'emploie principalement pour charger ces redoutables torpilles sous-marines dont l'explosion détruit les plus gros navires et que les Russes ont largement utilisées au commencement de leur dernière guerre contre les Turcs.

Puisque nous avons parlé des torpilles, rappelons que des progrès (!!!) sérieux ont eu lieu depuis quelque temps dans l'art de détruire les navires. Autrefois la torpille était déposée dans le fleuve, et surmontée d'un flotteur en communication avec un marteau ; lorsqu'un navire touchait ce flotteur, le marteau frappait la torpille et provoquait la détonation. Le général Chazal a proposé de relier toutes les torpilles par des fils électriques partant d'une chambre voisine du fleuve ou placée dans l'intérieur d'un navire à l'abri. Les fils portent les numéros des torpilles et, en pressant un bouton, on détermine l'explosion. La figure de la page 150, que nous empruntons aux *Phénomènes de la physique,* de notre ami A. Guil-

EXPLOSION DUE AU PICRATE DE POTASSE.

lemin, vous intéressera certainement. Un appareil
de chambre noire, placé au sommet de la pièce, des-
sine sur une table tout ce qui se passe sur le fleuve,
et sur cette table sont indiquées les positions des

OFFICIER FAISANT ÉCLATER UNE TORPILLE.

torpilles. L'officier suit des yeux les mouvements du
navire ennemi; il le voit s'approcher de la torpille
n° 3, car, encore une fois, il a reportées sur la table
les positions de ces masses destructives. Il crie au ma-

telot le numéro de la torpille, le bouton est pressé,
l'étincelle passe, et le navire vole en éclats. Notre ami
Guillemin ajoute que « des expériences faites ont été
couronnées de succès ». Hélas !

LA NITROGLYCÉRINE

La nitroglycérine est formée, comme son nom l'indiqué, d'acide nitrique et de glycérine. Si vous vous
souvenez que la glycérine, ce corps onctueux par
excellence, avait été primitivement appelé *principe
doux*, vous remarquerez peut-être avec surprise que
ce corps doux ait servi à la formation de cet engin; le
plus destructeur qu'on connaisse, qui s'appelle la
nitroglycérine. En versant de la glycérine dans un
mélange d'acide azotique et d'acide sulfurique, on obtient une huile jaunâtre, lourde, qui se dépose au
fond du mélange et que le moindre choc fait détoner..
La puissance explosive de cette huile est *cent dix
fois* plus grande que celle de la poudre. Nous n'au-
rions, hélas ! que l'embarras du choix pour vous signaler les effroyables catastrophes dues au maniement de ce terrible engin destructeur. En 1868, une
voiture portant 1800 kilogrammes de nitroglycérine
stationnait devant une mine, lorsque tout à coup
une détonation épouvantable ébranla la terre à plusieurs lieues de distance : « L'atmosphère fut comme
traversée par un souffle furieux, les maisons furent
secouées jusque dans leurs fondements. A la place
qu'occupait le chariot, il y avait un véritable gouffre...
Les arbres, dans un certain rayon, n'avaient plus une
feuille, leurs troncs étaient tordus et déchirés; les

moissons, sur une grande étendue, étaient balayées comme si un cyclone avait fauché le pays. »

Retenez de ce triste récit ce fait, que la nitroglycérine agit principalement de haut en bas, témoin ce trou béant qu'elle creusa sous le chariot.

LA DYNAMITE

Un chimiste anglais, Nobel, a donné le moyen d'utiliser la force explosive de la nitroglycérine en supprimant les dangers auxquels donnait lieu son emploi. Nobel ajoute tout simplement du sable fin à la nitroglycérine, et ce mélange, qu'il appelle *dynamite*, a la propriété curieuse de détoner avec la plus grande énergie par le choc, et de rester inoffensif quand on l'enflamme.

Citons deux expériences caractéristiques faites par Nobel. De la dynamite est placée dans des boîtes de papier; on y met le feu avec une allumette : la dynamite brûle vivement, mais sans détonation. Au contraire, on place de la dynamite dans des boîtes de papier identiques aux précédentes, mais armées d'une capsule amorcée avec un composé détonant; ces boîtes sont placées sur une planche de chêne de 2 mètres de longueur sur 23 centimètres de largeur et 5 centimètres d'épaisseur : on frappe la capsule, la dynamite détone et la planche est en *mille morceaux*.

Ainsi, avec une flamme, innocuité absolue; avec une capsule, développement d'une force explosive considérable. Le transport de la dynamite ne présente même aucun danger, car des chocs légers ne la font pas détoner. Pour le démontrer, on prit une boîte de sapin contenant près de 4 kilogrammes de dynamite et on la lança, d'une hauteur de 20 mètres, sur un lit de roches dures. Le choc fit éclater les jointures de la boîte, mais la dynamite ne s'enflamma pas.

Nous n'enregistrerons pas les nombreuses expé-

EXPLOSION D'UN ROC PAR LA DYNAMITE.

riences qui donnent la mesure de la puissance de ce nouvel engin. Si la dynamite, qui a une force brisante remarquable, ne peut être employée dans l'intérieur de nos fusils ou de nos canons, qu'elle ferait éclater, elle a sa place toute marquée dans les mines, dans les carrières. Elle peut être impunément mouillée et convient parfaitement lorsqu'il s'agit de faire sauter des roches submergées.

En ce moment, on expérimente un nouveau corps explosible, qu'on dit plus puissant que la dynamite. On l'appelle *panclastite,* ce qui veut dire « je brise tout ». C'est un liquide résultant du mélange d'une essence minérale avec de l'acide hypoazotique.

L'explosion des corps détonants ne paraît avoir lieu que sous l'influence d'une action mécanique qui fait vibrer les plus petites parties de ces corps, les molécules de ces corps, comme l'on dit. Ainsi, si l'on soumet la nitroglycérine à l'action d'une forte chaleur, on obtient une inflammation et une combustion graduelles, que n'accompagne aucune explosion ; mais si on la soumet à un *choc* brusque, comme celui d'un marteau, on obtient une explosion accompagnée d'une détonation violente. Nous avons dit qu'il en était de même pour la dynamite ; seulement ce qui distingue ces deux corps, c'est qu'ils exigent, pour détoner, des chocs plus ou moins violents.

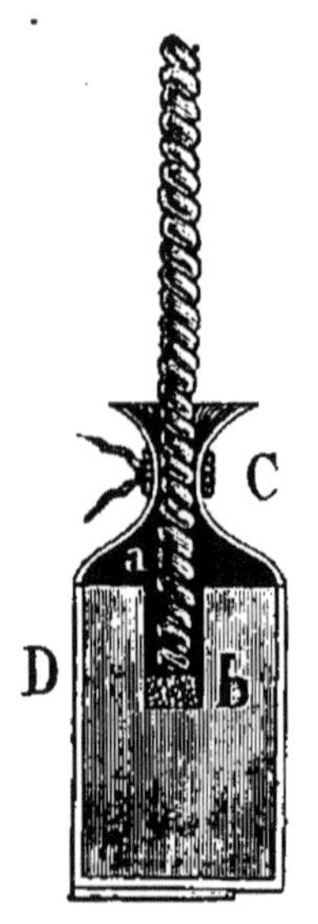

CARTOUCHE
DE DYNAMITE.

La vibration communiquée aux molécules d'un corps explosible le fait seule détoner ; la chaleur est insuffisante, à moins qu'elle ne provoque elle-même un mouvement vibratoire. Mais cette vibration elle-même doit être plus ou moins grande selon que l'on s'adresse aux différents corps explosibles. M. Nobel a fait l'expérience suivante : Si l'on fait partir une capsule de fulminate de mercure à côté de coton-poudre et d'une fiole de nitroglycérine, ce dernier corps détone avec la plus grande violence : la vibration qui lui a été communiquée a suffi. Au contraire, le coton-poudre a été dispersé en flocons dans toute la chambre, mais aucune parcelle de ce coton n'a été décomposée. La même vibration qui a fait détoner la nitroglycérine a été impuissante sur la poudre-coton.

Autre expérience bien curieuse. Prenons une contrebasse et, au moyen de morceaux de baudruche, fixons un corps détonant sur les différentes cordes de l'instrument. L'essai a été fait avec de l'iodure d'azote, corps explosible dont je ne vous ai pas parlé, ce corps n'étant susceptible d'aucune application pratique. Faisons vibrer les cordes au moyen d'un archet. Que va-t-il se passer? Dans aucun cas, l'iodure placé sur les deux cordes les plus basses ne détonera. Au contraire, il suffira d'un seul coup d'archet pour déterminer l'explosion de l'iodure placé sur la corde qui donne le son le plus élevé. Détendons un peu cette dernière corde, rien ne se produira; serrons-la de nouveau de manière qu'elle rende un son plus aigu, la détonation sera immédiate.

Cette expérience et bien d'autres du même genre ont permis de conclure que l'explosion des composés détonants doit être attribuée à un mouvement vibratoire particulier, qui varie avec la constitution et les propriétés de ces différents corps.

CE QU'ON VOIT SOUS L'EAU

La première découverte d'un appareil permettant à l'homme de séjourner sous l'eau fut faite, il y a un siècle, par Halley.

Vous avez fait sans doute l'expérience suivante : On plonge dans un baquet profond rempli d'eau un verre renversé, c'est-à-dire dont l'orifice ouvert pénètre dans le liquide. Vous essayerez en vain de remplir d'eau votre verre : l'air qu'il contient formera un matelas résistant qui s'opposera à l'entrée de l'eau.

C'est sur ce principe que sont construites les cloches à plongeur, qui, après avoir rendu de grands services, ont été presque généralement remplacées par les appareils nommés *scaphandres*, des deux mots grecs *scaphé* (barque) et *andros* (homme), c'est-à-dire l'homme-bateau ou l'homme-poisson.

« Le scaphandre primitif était un habit composé d'une étoffe imperméable, se rattachant à une sorte de casque en cuivre muni de grosses lentilles de verre. L'ouvrier plongeur, ainsi enfermé dans cet habit, avait toute la liberté de ses mouvements et il recevait l'air nécessaire à sa respiration par un tuyau fixé au vêtement et communiquant avec une pompe aspirante et foulante placée sur le rivage ou dans un bateau. »

MM. Rouquayrol et Denayrouze ont heureusement modifié cet appareil primitif. « Ils eurent l'idée de munir le plongeur d'un réservoir régulateur qui lui tiendrait lieu de poumon artificiel. Ce réservoir, formé

CLOCHE A PLONGEUR.

de légères et fortes lames d'acier, est suspendu sur le dos du plongeur comme un sac de soldat. Il est muni d'un tuyau de respiration entrant dans le casque et venant s'appliquer sur les lèvres et entre les dents de l'homme, qui peut ainsi régler lui-même sa respiration. L'air envoyé par la pompe est d'abord reçu dans le cylindre inférieur, puis passe à travers une soupape dans la chambre supérieure, d'où le plongeur le tire par aspiration. Par ce moyen, ce dernier ne ressent plus l'irrégularité du jeu de la pompe. En outre, avantage énorme, l'air arrivant directement à la bouche, le vêtement du plongeur peut être envahi par l'eau sans compromettre subitement son exis-

PLONGEURS MUNIS DE L'APPAREIL ROUQUAYROL-DENAYROUZE.

tence, et cette disposition permet de remplacer le casque lourd et pesant qui s'emboîtait sur les épaules, par un simple masque protégeant le visage et muni de lentilles de verre.

« Enfin, l'appareil Rouquayrol-Denayrouze offre encore un autre avantage non moins précieux : c'est qu'il permet aux personnes manœuvrant la pompe de se rendre compte de l'état du plongeur, pendant tout le temps qu'il reste sous l'eau. En effet, aussi longtemps que la respiration de celui-ci se fait avec régularité, l'air expiré remonte en bulles à la surface à des intervalles réguliers. Ces intervalles augmentent-ils ou diminuent-ils notablement, c'est que la respiration ne se fait plus d'une façon normale. Les bulles cessent-elles tout à fait de se montrer,

MASQUE ET RÉSERVOIR.

c'est que le plongeur ne respire plus, et il faut se hâter de le retirer. »

Le scaphandre est devenu un outil puissant entre les mains des naturalistes. Des laboratoires sont établis dans presque tous les pays au bord de la mer, et les savants étudient sous l'eau la flore et la faune des différents océans.

Voici quelles sont, d'après un naturaliste sicilien, les impressions que l'on ressent quand on pénètre sous l'eau à une certaine profondeur.

« Ce qui frappe tout d'abord, c'est la beauté indescriptible des couleurs. Le bleu domine partout; mais dans le bleu on distingue les teintes les plus riches, les nuances les plus variées; puis, lorsqu'on a atteint le fond, ce bleu général, qui n'est autre que la cou-

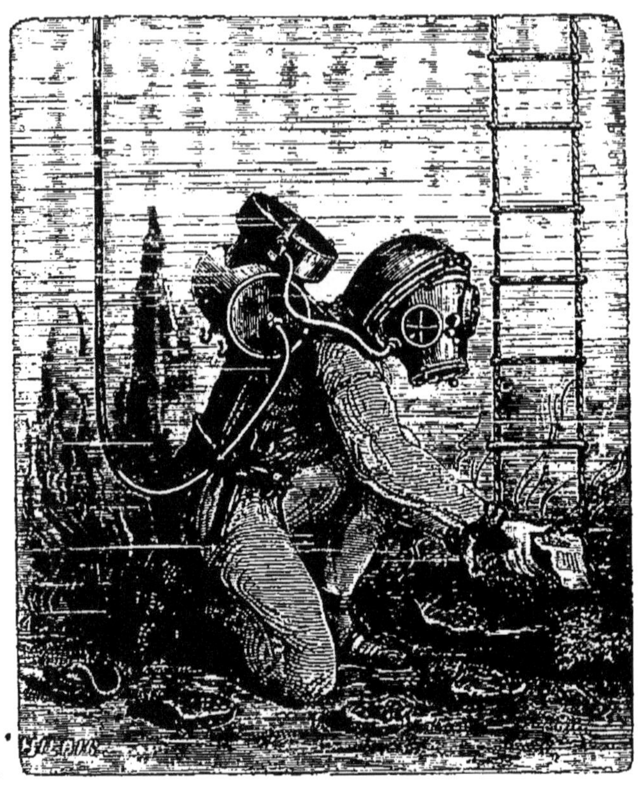

PLONGEUR AU FOND DE LA MER.

leur de l'eau sous différentes épaisseurs, s'émaille d'autres teintes empruntées aux algues, aux hydraires, aux bryozoaires, qui forment sur les rochers de gracieux buissons, et aux crinoïdes, aux anémones de mer, aux astéries, aux crustacés, aux mollusques, à toute cette population infinie qui s'ébat entre leurs ramuscules.

« Les poissons aux écailles chatoyantes s'approchent sans crainte du nouvel hôte de la mer, à tel point qu'il pourrait avec un peu d'habileté les capturer à la main ou dans un mince filet à la manière des papillons aériens. La curiosité et la crainte, ces deux défauts si communs parmi ceux qui peuplent la surface de la terre, se retrouvent, hélas ! jusqu'au fond des eaux ; mais la curiosité l'emporte ordinairement, et, après avoir fui à la première approche, la gent aquatique revient avec une insistance parfois gênante.

« La transparence de l'eau est si grande jusqu'à une profondeur de 6 à 8 mètres, qu'on peut apercevoir les plus petites particularités d'un animal ou d'une plante et en retenir les moindres détails. On peut se servir de la loupe et saisir, au moyen de pinces fines, les objets les plus ténus.

« La respiration est tellement normale, qu'à ce point de vue on n'éprouve aucun malaise. Seule la pression sur le tympan est douloureuse, même à la profondeur de 3 à 4 mètres, et, malgré le tamponnage soigné des oreilles, auquel on procède avant de revêtir le casque de l'appareil, elles demeurent très sensibles. Mais, encore ici, un peu d'habitude suffit pour vaincre la douleur ; et là où elle paraissait insupportable lors d'une première descente, elle passera inaperçue à la seconde.

« Il serait dangereux de descendre rapidement un individu pour une première fois au delà de 4 ou 5 mètres. A dix mètres la pression est déjà respectable, et cependant l'homme a déjà pénétré 5 ou 6 fois plus bas. C'est ainsi que M. Peterson descend facilement jusqu'à la profondeur de 30 à 35 mètres. Sous cette forte pression, les vêtements commencent à s'incruster dans la peau, et les mouvements respiratoires sont si pénibles, qu'il n'est pas prudent d'y demeurer plus d'une demi-heure. »

S'il est possible de résister à des pressions assez fortes, il faut dire que le retour à l'air ne s'effectue pas toujours sans danger. On s'habitue assez bien à vivre sous l'eau, mais souvent la sortie est à redouter. « On ne paye qu'en sortant, » disent les plongeurs. Si la décompression a été trop brusque, on ressent des démangeaisons à la peau, des *puces* comme disent les ouvriers, ou encore des douleurs musculaires avec gonflement. Parfois encore on constate des vertiges, des paralysies, quelquefois même la mort survient.

LES LAMPES ÉLECTRIQUES

Quand on approche le doigt de la plus simple des machines électriques en mouvement, machine composée d'un disque de verre frotté par deux petits coussins, on obtient une étincelle lumineuse qui ne dure qu'un instant [1].

En 1800, le physicien Volta, dont nous avons raconté la vie dans notre volume intitulé *Nos vraies conquêtes*, construisit la première pile électrique et observa que les deux fils de cette pile donnaient par leur réunion une étincelle, faible sans doute, mais persistante.

En 1813, le physicien anglais Humphry Davy eut l'idée de placer aux deux extrémités du fil d'une pile voltaïque deux tiges de charbon de bois taillées en pointe : l'étincelle qui jaillit entre ces deux pointes, surtout quand elles étaient placées à une petite distance l'une de l'autre, donna une lumière éblouissante dont l'éclat pouvait être comparé à celui du soleil. La flamme ainsi obtenue présentait la forme d'un arc, qui reçut le nom d'*arc voltaïque*.

Davy reconnut que l'arc voltaïque provenait de l'incandescence des particules du charbon qui étaient

1. Voyez *Nos vraies conquêtes*, page 27.

projetées dans toutes les directions. Malheureusement les piles dont on se servait alors étaient peu
perfectionnées et les morceaux de charbon de bois
s'usaient avec une extrême rapidité. Ce ne fut que
vers 1844 qu'on songea à utiliser la lumière électrique, quand notre compatriote Foucault eut eu
l'idée d'utiliser la pile à deux liquides de Bunsen et

MACHINE ÉLECTRIQUE.

de substituer au charbon de bois des baguettes
taillées dans les dépôts de charbon qui se forment sur
les parois internes des cornues à gaz. Ces baguettes
s'usaient cependant, quoique plus lentement que le
charbon de Davy; pour obtenir une lumière fixe,
Foucault imagina un régulateur qui relevait les charbons à mesure qu'ils étaient partiellement consumés
et les maintenait toujours à la même distance.

Depuis vingt ans, le problème de l'éclairage élec-

ÉTINCELLE ÉLECTRIQUE. (PILE EN TENSION.)

trique a réalisé les plus sérieux progrès; il n'est pas douteux que l'électricité n'arrive prochainement à se substituer au gaz, au moins quand il s'agit de l'éclairage de vastes étendues.

Les différents appareils d'éclairage électrique peuvent être rangés en deux catégories bien distinctes : 1° éclairage par l'arc voltaïque; 2° éclairage par incandescence.

Nos lecteurs connaissent maintenant en quoi consistent les appareils du premier système; donnons quelques détails sur l'éclairage par incandescence.

Lorsqu'on veut montrer la puissance calorifique de l'étincelle électrique, on réunit les deux fils d'une pile à l'aide d'un fil de platine : celui-ci ne tarde pas à rougir, à devenir incandescent. Si l'on remplace le fil de platine par un corps conducteur court et mince, ce corps ne tarde pas à atteindre une température très élevée et à devenir incandescent.

Ainsi la différence qui existe entre les lumières à arc et les lumières à incandescence est celle-ci : dans les premières l'étincelle jaillit entre deux charbons dont les extrémités sont distantes l'une de l'autre; dans les lampes à incandescence il n'y a qu'un morceau de charbon relié aux fils de la pile et qui, porté au rouge, devient incandescent.

La première lampe à incandescence fut imaginée par M. Moleyns. En 1845, M. Starr plaça un morceau de charbon chauffé à blanc à l'intérieur d'un globe dans lequel il faisait le vide. M. Lodyguine, en 1873, perfectionna la lampe de Starr en donnant au charbon une forme particulière : il était aminci au milieu de sa longueur.

Toutes les lampes à incandescence peuvent rentrer dans l'une des deux catégories suivantes : lampes dans lesquelles les crayons de charbon brûlent à l'air : systèmes Reynier, Werdermann ; lampes dans lesquelles les charbons brillent dans le vide sans se consumer : systèmes Edison, Maxim et Swan.

LAMPE A INCANDESCENCE.

Lampes à incandescence dans le vide. — Dans la lampe Édison, le charbon qui doit devenir incandescent est préparé de la manière suivante : On prend de petites bandes de papier bristol, ayant 5 centimètres de largeur sur 3 millimètres d'épaisseur ; on les découpe à l'emporte-pièce en forme de fer à cheval et on les place à l'intérieur d'un creuset en fer forgé chauffé au blanc dans un four à réverbère. La matière se décompose et il reste un résidu charbonneux qui est introduit avec soin dans l'ampoule de verre. Ce charbon si frêle dure souvent plusieurs mois avant de tomber en poussière.

Dans la lampe Maxim, le charbon provient d'un morceau de carton carbonisé, comme celui d'Edison, mais qui de plus a été traité par des vapeurs de *gazoline* et des courants électriques. Ces traitements alternatifs donnent au carbone une densité telle, qu'on le prendrait pour de l'acier. Une fois le charbon introduit dans la lampe, on le traite de nouveau par des vapeurs de gazoline et des courants électriques et finalement, après avoir extrait de la lampe tout l'air et les vapeurs de gazoline qui pourraient s'y trouver, on obtient un vide presque complet. Il reste cependant à l'intérieur un cent-millième d'atmosphère d'hydrogène carboné qui, loin de nuire au

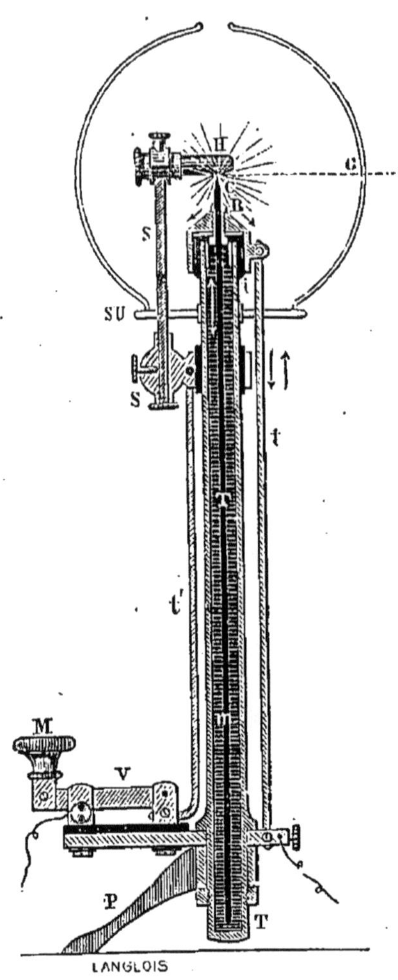

LAMPE REYNIER.

charbon, sert au contraire à le reconstituer en déposant sur ses parties les plus faibles et par conséquent les plus échauffées des atomes de carbone. La lampe Maxim, assure-t-on, peut produire une intensité de 500 bougies sans danger de brûler le charbon.

Lampe à incandescence brûlant dans l'air. — Parmi les lampes à incandescence qui brûlent à l'air et non plus dans le vide, nous pourrions citer un grand nombre d'appareils extrêmement ingénieux ; il nous suffira de signaler les lampes Reynier et Werdermann, qui servent pour ainsi dire d'intermédiaires entre les lampes à arc voltaïque et les lampes à incandescence. Dans la lampe Reynier, en effet, les deux extrémités du fil électrique, les deux électrodes, comme l'on dit, sont formées de deux morceaux de charbon d'inégale grosseur : l'un est très épais, l'autre très mince. Les deux charbons étant à une petite distance l'un de l'autre, il y a production d'une étincelle électrique et en même temps le petit charbon brûle par incandescence sur une partie limitée de sa longueur.

LES GÉNÉRATEURS D'ÉLECTRICITÉ

Les générateurs d'électricité sont de trois sortes : les piles électriques, les piles thermo-électriques, les machines magnéto ou dynamo-électriques.

Les piles. — Lorsqu'on met en présence des morceaux de zinc, de l'eau et de l'acide sulfurique, on produit une combinaison chimique.

Toute combinaison chimique développe de la chaleur, de la lumière ou de l'électricité, et quelquefois simultanément ces trois actions.

Nos lecteurs connaissent la pile électrique de Bunsen, que nous avons décrite dans *Nos vraies conquêtes*. Voici ce qui se passe dans cette pile : Le zinc décompose l'eau, s'unit à l'oxygène en produisant de l'oxyde de zinc, et cet oxyde se combinant à l'acide sulfurique donne du sulfate de zinc. L'hydrogène de l'eau se porte sur le charbon ; des bulles gazeuses se forment autour de ce charbon et elles constitueraient une gaine mauvaise conductrice de l'électricité si l'on n'avait soin de *dépolariser* le charbon, c'est-à-dire de le débarrasser du gaz hydrogène, en mettant en sa présence de l'acide azotique que l'hydrogène décompose. En réunissant le charbon au zinc par deux fils de cuivre qui se rejoignent, on obtient une étincelle.

Quand on veut obtenir un courant électrique puissant, il faut accoupler un certain nombre d'éléments de pile; mais la manière de les accoupler dépend de l'effet qu'on veut produire. Si la lumière doit être produite par un *arc* voltaïque, les deux charbons étant éloignés l'un de l'autre, le courant électrique

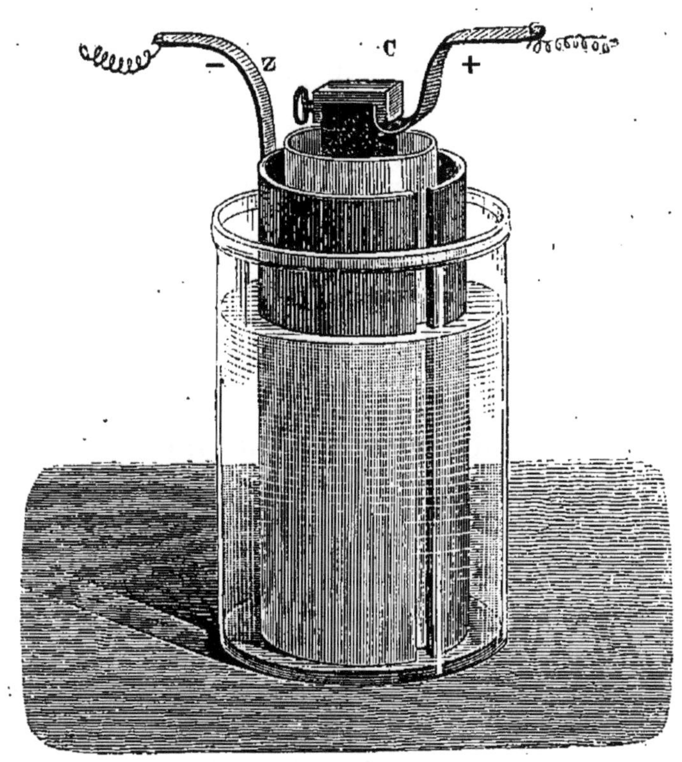

LA PILE DE BUNSEN.

éprouve une résistance provenant du peu de conductibilité de la couche gazeuse interposée; dans ce cas une pile doit avoir au moins 60 éléments, lesquels sont groupés *en tension* (voyez p. 165), c'est-à-dire que le charbon d'une pile communique avec le zinc de la pile suivante, que le charbon de la pile n° 2 communique avec le zinc de la pile n° 3, et ainsi de suite.

Si l'on veut, au contraire, produire une lumière par incandescence, tous les éléments sont réunis *en quantité*, c'est-à-dire que les zincs communiquent aux zincs, les charbons aux charbons ; l'effet obtenu est le même que si la surface du zinc était augmentée, ainsi que celle du charbon. Dans certains cas, quand on veut augmenter à la fois la tension et la quantité, on dispose les piles par séries : un certain nombre sont reliées zinc à zinc ; chacun des groupes est relié à l'autre en tension.

Les piles présentent cet avantage qu'elles se transportent facilement, que leurs effets sont constants, qu'on les charge et qu'on les décharge aisément ; mais, non seulement elles consomment une grande quantité de zinc, ce qui les rend dispendieuses, elles dégagent des vapeurs délétères d'acide hypoazotique qu'il est bien difficile d'éviter. Parmi les piles exposées à la dernière exposition d'électricité, on remarquait une pile maginée par M. Tommasi et qui, suivant l'auteur, atténuerait dans une large mesure les inconvénients que nous signalons, et une pile de M. Clovis Baudet, au bichromate de potasse, qui a cinquante éléments. En remplaçant un seul élément par jour, on peut, suivant l'auteur, entretenir un arc voltaïque, avec des charbons de 3 millimètres, dont la puissance atteint quinze becs de lampe Carcel.

Piles thermo-électriques. — Les piles thermoélectriques, imaginées en 1821 par le physicien Seebeck et perfectionnées depuis par MM. Becquerel, Clamond, etc., sont, comme leur nom l'indique, des appareils produisant de l'électricité au moyen de la chaleur. Le principe sur lequel repose la construction de ces piles est le suivant : Quand deux métaux différents sont soudés ensemble par une de leurs extrémités, si l'on vient à chauffer cette partie soudée, il se produit un courant électrique qu'on peut recueillir en réunissant par un fil métallique les extrémités libres des deux métaux. Parmi les métaux qui donnent les meilleurs résultats, signalons le bismuth et l'antimoine, la tôle et le sulfure. de plomb, etc. M. Clamond emploie, comme premier métal, un alliage composé d'antimoine et de zinc, comme second métal une lame de fer.

Malheureusement et malgré les perfectionnements considérables apportés par M. Clamond à la construction des piles thermo-électriques, celles-ci n'utilisent qu'une faible partie de la chaleur empruntée au foyer et sont par conséquent très coûteuses quand on veut les faire servir à la production de la lumière électrique.

Une intéressante application de la pile thermo-électrique a été faite à la mesure de la température dans un lieu où il serait difficile de placer un thermomètre ordinaire. On prend un câble formé d'un fil de fer et d'un fil de cuivre isolés sur leur parcours et soudés à leurs extrémités ; on place l'une des soudures dans le lieu dont on veut déterminer la température : ce sera, par exemple, dans les profondeurs du sol. Quand les soudures des deux extrémités sont inégalement échauffées, il se développe un courant électrique dont on peut constater la présence en plaçant sur le trajet du câble un appareil nommé *galvanomètre* et qui est tout simplement formé d'une aiguille aimantée dont la direction est, comme l'on sait, absolument fixe. Quand un courant se manifeste dans le câble, l'aiguille est déviée de sa position normale. Si donc cette déviation s'est produite, il suffira, pour la faire cesser, de donner à la seconde

soudure du câble une température exactement égale
à celle de la première. Suivant les cas, on chauffera
ou on refroidira cette seconde soudure jusqu'à ce
que l'aiguille aimantée ait repris sa position normale : la température, facilement mesurée à l'aide

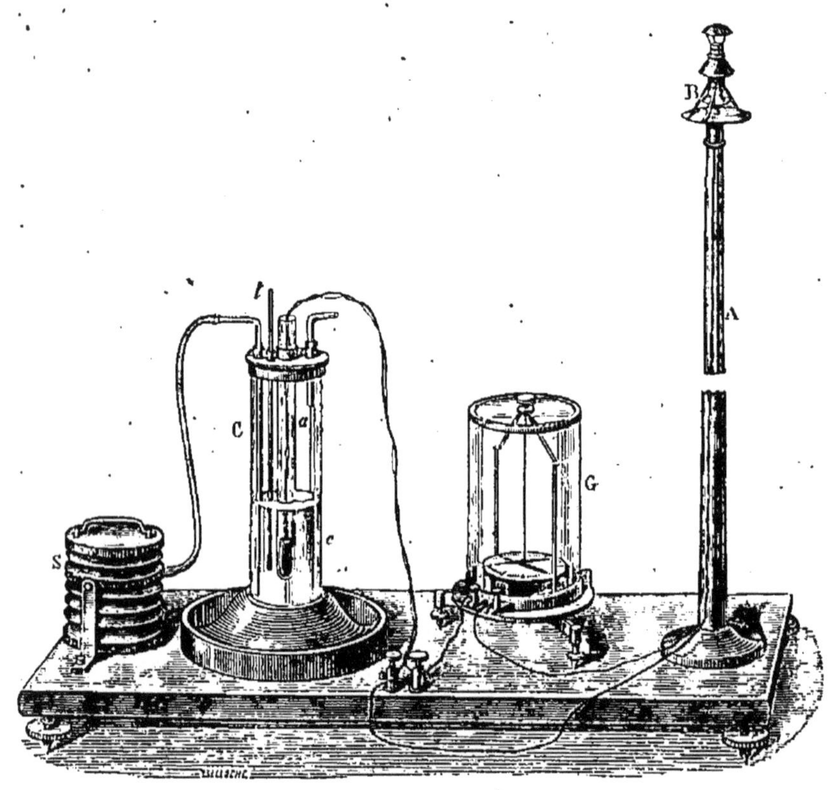

THERMOMÈTRE ÉLECTRIQUE.

d'un thermomètre ordinaire, sera précisément celle
de l'espace dans lequel est fixée l'extrémité du câble.

Machines magnéto et dynamo-électriques. — Il ne
nous est pas possible de passer en revue tous les générateurs d'électricité ; nous devons nous borner à
exposer le principe de leur construction.

L'EXPOSITION D'ÉLECTRICITÉ.

Un aimant placé au centre d'un cadre, d'une bobine entourée d'un fil de cuivre, développe un courant électrique dans ce fil chaque fois que sa propriété magnétique est modifiée, par exemple, quand on approche ou qu'on éloigne de lui un morceau de fer.

Inversement, si devant les pôles d'un fort aimant on fait tourner une bobine munie d'un morceau de fer doux, ce fer doux sera successivement aimanté, puis désaimanté : des courants électriques naîtront par conséquent dans le fil enroulé autour de la bobine. Ainsi, dans ces machines appelées magnéto-électriques, le courant est produit par une bobine *mise en mouvement;* ce mouvement de rotation est produit par une machine à vapeur. Cette simple explication montre comment une machine à vapeur est *indirectement* une source d'électricité.

L'aimant fixe peut être avantageusement remplacé par un électro-aimant, c'est-à-dire par un morceau de fer doux entouré d'un fil métallique dans lequel passe un courant électrique produit par une pile; car, il faut le répéter, de même qu'un aimant peut déterminer la production d'un courant électrique, de même un courant électrique fait acquérir à un morceau de fer ordinaire la propriété magnétique. Et l'aimantation artificielle ainsi développée est incomparablement plus forte que celle des meilleurs aimants naturels. Une machine de ce genre comprend donc deux électro-aimants : l'un porte le nom d'électro-aimant inducteur; l'autre s'appelle électro-aimant induit.

Mais il y a plus : il n'est pas nécessaire de communiquer d'une manière permanente un courant électrique à l'électro-aimant inducteur. Le courant le plus faible, lancé une première fois, suffit pour actionner d'une manière indéfinie l'électro-aimant induit. Il y a réaction des deux électro-aimants l'un sur l'autre, de telle sorte qu'on peut vraiment dire que le *seul mouvement* de l'une des bobines est le véritable générateur d'électricité. Ces dernières machines portent le nom de machines dynamo-électriques : le mot *dynamo* veut dire force.

Ainsi, la combustion de la houille dans la machine à vapeur produit de la chaleur qui se transforme en mouvement ; en faisant manœuvrer un piston, le mouvement de la machine produit à son tour de l'électricité. On peut donc remarquer que dans la nature rien ne naît de rien : tout se transforme.

Les machines dynamo-électriques se divisent elles-mêmes en deux groupes, suivant que les courants produits sont continus ou alternatifs. On dit qu'un courant est continu quand il se rend toujours du même charbon à l'autre charbon ; on dit que ce courant est alternatif quand il va successivement du premier charbon au second, puis du second au premier. Nous ferons comprendre par un mot l'utilité de ces dernières machines : les deux charbons d'une lampe électrique s'usent inégalement, quand le courant est continu : l'un d'eux prend la température du rouge blanc, se creuse, tandis que l'autre conserve sa forme et rougit à peine à son extrémité. On remédie à cette usure inégale, fâcheuse surtout quand l'éclairage est produit par des *bougies*, en changeant alternativement le sens du courant : chacun des charbons se déforme à tour de rôle.

LES MOTEURS ÉLECTRIQUES

La construction de tous les moteurs électriques repose sur l'action exercée par un courant sur un morceau de fer doux. Si nous enroulons un fil de cuivre autour d'un cylindre de fer et que nous fassions communiquer les extrémités de ce fil avec un générateur quelconque d'électricité, pile ou machine dynamo-électrique, le cylindre de fer est aimanté et peut attirer une pièce de fer placée à petite distance. Si nous supposons que cette pièce de fer est constamment sollicitée par un ressort à reprendre sa position première, on comprendra comment, suivant que le courant est lancé dans le fil ou supprimé, ce fer sera successivement attiré, puis repoussé. Voilà donc un mouvement de va-et-vient, comparable dans une certaine mesure au mouvement du piston d'une machine à vapeur, et qui est produit par un courant électrique; il suffira, pour obtenir ce résultat, que le courant soit périodiquement lancé, puis supprimé : ce sera l'affaire d'un commutateur.

Le système formé par l'armature de fer doux et l'électro-aimant peut être disposé de bien des manières différentes. Tantôt on emploie un barreau creux avec une armature intérieure, ce qui constitue ce que l'on appelle un *solénoïde,* et l'on a justement

comparé cet appareil à une machine à vapeur dans
laquelle le piston serait remplacé par une armature
et le cylindre par une bobine creuse. Tantôt, comme
cela est représenté sur notre dessin, les armatures
sont disposées sur une roue mobile, ce qui a l'avantage de supprimer l'emploi des bielles et des mani-

MACHINE FROMENT.

velles qui transforment le mouvement alternatif produit par une armature en un mouvement continu.
Dans le moteur de M. Froment, huit contacts en fer
sont disposés sur le contour d'une roue en bois,
mobile autour de son axe. Sur un châssis entourant
la roue on a disposé six couples d'électro-aimants
(sur notre dessin on a supprimé deux électro-aimants

afin de faire voir les contacts). Le courant électrique est successivement amené dans les deux couples de bobines qui sont opposées. Quand les contacts se trouvent en face des électro-aimants qui les ont attirés et qu'ils ont même légèrement dépassé en vertu de la vitesse acquise, le courant passe dans les deux couples opposés ; ces modifications sont produites par un *interrupteur* placé sur l'axe de rotation de la roue qui porte les contacts et dont on imaginera aisément l'effet.

Le premier moteur électrique fut essayé en 1839 par le physicien Jacobi : il faisait mouvoir les roues à palettes d'une chaloupe montée par douze personnes ; l'expérience ne réussit pas. Aujourd'hui les moteurs électriques existent en grand nombre ; ils fonctionnent bien, mais présentent tous jusqu'ici un inconvénient capital : ils n'utilisent qu'une très faible partie de la force qu'ils dépensent.

Mais l'avantage immense des moteurs électriques est de permettre le transport à une grande distance de la force motrice. Une machine dynamo-électrique transforme le travail d'une machine à vapeur en électricité ; cette machine peut être *réversible*, c'est-à-dire qu'à l'aide d'un courant électrique on peut faire marcher la machine à vapeur. Si donc nous prenons deux machines, l'une produisant de l'électricité par la vapeur, l'autre produisant du travail par l'électricité, la première fournira l'agent qui met la seconde en mouvement. Et comme le fil conducteur de l'électricité peut avoir une longueur considérable, on voit que la force motrice de la première machine pourra être transmise presque à toute distance.

Parmi les appareils destinés au transport des forces qu'on pouvait voir à la dernière Exposition

LABOURAGE, A L'EXTRICITÉ.

d'électricité, signalons : les appareils à labourer, les machines actionnant des outils de mécanicien, des machines à coudre, des pompes, des batteuses de graines, etc. En première ligne, il faut placer les tramways électriques.

M. Siemens s'est occupé avec succès du problème de la traction des tramways par l'électricité, et nos lecteurs ont sans doute fait en voiture électrique le court trajet de la place de la Concorde au Palais de l'Industrie. Depuis plusieurs années un tramway électrique fonctionne aux portes de Berlin. La machine à vapeur fixe qui actionne une machine dynamo-électrique est placée à l'une des stations ; le courant électrique est lancé dans les rails et ce courant parvient, par l'intermédiaire des roues, à une seconde machine placée entre les essieux. Cette machine est mise en mouvement par l'électricité et communique son mouvement aux essieux et par suite aux roues. Par cette disposition, le courant envoyé dans un rail fait retour à la machine par l'autre rail.

A Paris, on n'a pas pu lancer un courant dans des rails sur lesquels tout le monde circule ; on a placé le conducteur électrique sur des poteaux placés de distance en distance. Ce conducteur amène le courant dans le récepteur électrique : les rails servent de fil de retour.

Nous n'avons pas à faire valoir les avantages énormes que présenterait un véhicule électrique s'il était bien démontré qu'il fonctionne sans interruption : pas de fumée, pas de bruit. On parle depuis quelque temps d'établir à Paris, entre la Bastille et la Madeleine un chemin de fer électrique *aérien* qui débarrasserait cette grande voie constamment encombrée.

TRAMWAY ÉLECTRIQUE.

Il y a quelques mois, on voyait évoluer sur la Seine un bateau bien curieux, puisqu'il n'avait ni rames, ni voiles, ni machine à vapeur pour le mettre en mouvement. Le moteur, situé à la partie supérieure du gouvernail, était un moteur électrique actionné par deux piles installées sur le milieu du bateau. Le moteur était relié à l'hélice du bateau par une chaîne.

Il faut nous arrêter et cependant nous n'avons pu parler des applications de l'électricité comme moyen curatif des maladies nerveuses et musculaires (électro-thérapie), comme agent chimique (électrochimie), etc. Nous n'avons pu mentionner les applications de l'électricité à la construction des instruments de précision (horloges, chronographes). Le peu que nous avons pu dire suffira pour justifier ces paroles de l'illustre chimiste Dumas au dernier congrès des Électriciens :

« La science et l'industrie se sont emparées depuis longtemps des forces que l'air et les eaux mettent à la disposition de l'homme. La vapeur, animée par le feu, lui permet de franchir tous les obstacles et de dominer les mers. La lumière n'a plus de secrets pour la science, et les arts multiplient chaque jour ses plus surprenantes applications. Restait un dernier effort à accomplir : il fallait saisir entre les mains du maître des dieux la foudre elle-même et la plier aux besoins de l'humanité; c'est cet effort que le dix-neuvième siècle vient d'accomplir.

« Cet effort restera comme une date mémorable dans l'histoire; au milieu des mouvements de la politique et des agitations de l'esprit humain, il deviendra l'expression caractéristique de notre époque. Le dix-neuvième siècle sera le siècle de l'électricité ! »

BATEAU ÉLECTRIQUE.

LES ABIMES DE LA MER

Pendant longtemps on a cru que la vie était impossible dans les profondeurs de l'Océan. « Dans les abîmes de la mer, disait-on, les eaux sont condamnées à l'obscurité, à la solitude et à l'immobilité. »

D'éminents naturalistes assuraient que les animaux, « très abondants à la surface de la mer, devenaient de plus en plus rares à mesure qu'on atteignait les couches profondes, et qu'au delà de 450 mètres on ne trouvait plus aucun être vivant. »

Ces affirmations étaient erronées ; il résulte au contraire d'expéditions récentes que la vie est presque aussi intense au fond de la mer qu'à la surface.

Un incident assez curieux aurait pu depuis longtemps faire prévoir cette importante découverte.

En 1860, le câble sous-marin qui reliait la Sardaigne et l'Algérie fut brisé. Lorsqu'on rechercha les causes de cette rupture, on s'aperçut que le câble était recouvert d'une multitude de petits animaux qui l'avaient perforé. « On voyait de véritables familles de polypiers, composées d'individus de tous les âges, dont le pied s'était moulé sur la surface du câble. Certains animaux n'offraient aucune ressemblance avec les espèces littorales de la Méditerranée, et leurs formes étaient inconnues ; d'autres avaient déjà eu des représentants aux époques qu'on appelle géologiques et qui remontent à des milliers d'années ; d'autres enfin étaient considérés comme de véritables raretés sur les côtes méditerranéennes. »

Il devenait intéressant de sonder les profondeurs

CABLE TÉLÉGRAPHIQUE AU FOND DE LA MER.

de l'Océan et d'aller chercher au fond des mers les richesses zoologiques qui s'y trouvaient entassées. Malheureusement de pareilles expéditions sont extrèmement coûteuses et les gouvernements ne sont pas toujours tentés de les entreprendre. L'initiative privée, surtout dans notre pays, n'a pas coutume de se mettre, dans un but exclusivement scientifique, à la disposition des savants.

Ce furent là Suède, l'Amérique, l'Angleterre qui eurent l'honneur d'envoyer les premiers bâtiments chargés de parcourir l'Océan pour en sonder les mystères.

Pendant les étés de 1868, 1869, 1870, le *Lightning* et le *Porcupine*, placés sous la direction de MM. Carpentier, Gwyn Jeffreys et Thomson, ne quittèrent pas l'Islande et les îles Faröer.

Les résultats obtenus furent si satisfaisants, que, deux années après, un navire de la marine royale anglaise fut confié au docteur Thomson, qui se proposait de sillonner en tous sens l'Atlantique et le Pacifique.

En 1880, en France, à la demande du ministre de l'instruction publique, le ministre de la marine mit un aviso à vapeur, le *Travailleur,* à la disposition des savants qui voudraient explorer les abîmes de l'Océan.

La première année, le *Travailleur* borna ses recherches au golfe de Gascogne. Le succès dépassa toutes les espérances : les filets rapportèrent des animaux inconnus, pêchés à plus de 3 kilomètres de profondeur.

La seconde année (1881), les naturalistes du *Travailleur* étendirent le champ de leurs recherches jusque dans le bassin occidental de la Méditerranée. Les côtes de la péninsule Ibérique, de la Provence, de la Corse, de l'Algérie et du Maroc, ainsi que le détroit de Gibraltar, furent successivement visités.

La dernière expédition (1882) a permis aux savants français de s'avancer jusqu'aux îles Canaries. Il nous a paru intéressant de résumer pour nos lecteurs les travaux accomplis par nos compatriotes, en nous aidant du rapport présenté par l'un d'eux, M. A. Milne-Edwards.

« La vie abonde dans ces vallées sous-marines restées si longtemps fermées aux investigations. Ce ne sont pas les animaux des côtes qui descendent s'y réfugier ; elles sont habitées par d'autres espèces, dont les formes étranges étonnent les naturalistes. La population des gouffres de l'Océan n'a rien de commun avec celle des eaux superficielles ; ce ne sont pas d'ailleurs des représentants déshérités du règne animal qui sont ainsi relégués dans les abîmes ; on y trouve des êtres très parfaits et les poissons sont loin d'y être rares. Les crustacés, les mollusques, les zoophytes sont abondants, et quelques-uns atteignent des dimensions colossales, comparées à celles des espèces des mêmes groupes zoologiques qui habitent la surface.

» Des organismes infiniment petits, que l'on nomme des *foraminifères,* s'accumulent au fond des mers en nombre tellement considérable, qu'ils constituent de puissantes assises ayant tous les caractères des bancs de craie qu'on rencontre dans les environs de Paris. Les dragues du *Travailleur* rapportaient souvent des *milliards* de ces êtres microscopiques à enveloppe rigide d'une extrême élégance, et dans le golfe de Gascogne, près de la côte d'Espagne, un centimètre cube de limon, puisé à un kilomètre de la surface, contenait plus de 100 000 de ces foraminifères.

» Ces animaux microscopiques ont le corps recouvert d'une coquille percée de trous nombreux, d'où leur vient leur nom (*foramen,* trou ; *fero,* je porte).

» La lumière solaire pénètre difficilement à travers les couches de l'eau la plus transparente, et, au-dessous de quelques centaines de mètres, l'obscurité doit être complète. Comment donc se dirigent les animaux si variés qui y vivent ?

» Les uns sont aveugles ; ils marchent à tâtons et ils n'ont pour se guider que les perceptions du toucher, de l'odorat et de l'ouïe ; aussi, par un juste système de compensation, certains organes se développent outre mesure, les antennes de plusieurs crustacés dépourvus d'yeux sont d'une longueur extraordinaire : c'est le bâton de l'aveugle.

» D'autres animaux ont, au contraire, des yeux énormes et resplendissants de phosphorescence ; ils portent ainsi avec eux un foyer lumineux qui explique le développement de leur appareil visuel. Cette phosphorescence s'étend souvent sur presque toute la surface du corps, et beaucoup d'espèces, surtout les étoiles de mer, étincellent dans l'obscurité. »

« Une nuit, continue M. A. Milne-Edwards, notre filet remontait à bord, chargé de zoophytes rameux de la famille des Isis. Ils émettaient des lueurs d'un admirable effet ; des éclairs verdâtres s'allumaient tout à coup pour s'éteindre et se rallumer encore, courant sur les tiges de ces coraux et s'y succédant avec une telle rapidité et une telle intensité, qu'il nous était possible de lire à la clarté de ce singulier flambeau.

» On admet généralement que la couleur est inséparable de la lumière et que les êtres qui ne voient jamais le soleil sont de nuances sombres, ou pâles et effacées. Il n'en est pas toujours ainsi, car dans les parties les plus obscures de l'Océan habitent des animaux dont les teintes brillent d'un vif éclat ; le rouge, le rose, le pourpre, le violet et le bleu sont répandus avec profusion. La plupart des crevettes qui foisonnent au fond des eaux sont d'une riche couleur carminée. Des holothuries énormes ont l'aspect de l'améthyste... »

Il faut se borner, et cependant nous trouverions encore bien de curieux détails sur les découvertes des explorateurs français.

.C'est ainsi qu'on observe, non sans étonnement, que les plantes ne sauraient vivre dans ces profondeurs océaniques où les animaux pullulent. Comment ceux-ci se nourrissent-ils alors? M. Milne-Edwards admet que la nourriture, préparée à la surface de l'Océan, sous l'influence des rayons solaires, tombe peu à peu comme une sorte de manne dans les déserts sous-marins où aucune plante ne peut croître.

Cette année, le *Travailleur* sera pourvu de machines nouvelles et puissantes qui lui permettront d'atteindre des profondeurs plus considérables et de multiplier les dragages. Nous aurons bientôt à enregistrer les découvertes nouvelles dont les savants explorateurs auront enrichi la science.

FIN

TABLE DES MATIÈRES

MOTTEROZ, Adm.-Direct. des Imprimeries réunies, B, Puteaux.